奮書附贈MATLAB-GUI程式

第二版　溫坤禮 趙忠賢 張宏志 陳曉瑩 溫惠筑 著

灰色理論

Grey System Theory

五南圖書出版公司 印行

序　言

　　灰色理論發明至今已整整三十年了，1996 年臺灣正式成立中華民國灰色學會，而灰色理論之推廣則為中華民國灰色學會責無旁貸的任務。1999 年中華民國灰色學會第二屆理監事改選，更確立灰色理論往後推展之政策。2002 年中華民國灰色學會第三屆理監事改選，以灰色理論的電腦工具箱的建立為首要目標，使灰色理論的研究成為方便化及普及化。2005 年中華民國灰色學會第四屆理監事改選，確立了灰色理論的國際化走向為今後三年欲完成之目標。2008 年中華民國灰色學會第五屆理監事改選，主要的目標之一為利用已經相當成熟之 Matlab 系統，將灰色理論的電腦工具箱提升到更友善之人機介面型態。2011 年中華民國灰色學會第六屆理監事成立，目標是將學會之期刊：Journal of Grey System 提升成為 EI 級期刊。本校電機研究所灰色系統粗糙研究室（Grey System Rough Center）為協力推展灰色理論，將近年來研讀灰色系統理論的心得，使用簡單的方式加以敘述說明，並以 Matlab 中的 GUI 為輔，完成此一基本入門之書籍。

　　本書內容與之前的版本有相當大的差異，主要是理論部份的更明確及利用 Matlab 的 GUI 介面以配合國際化走向的需求。本書第 0 章介紹灰色理論的基本概念。第一章為灰色生成部份，有關聯模型及 GM 模型的生成。第二章對灰色關聯的模型做局部性及整體性的完整討論。第三章則對 GM(1, 1) 模型做一說明，除了基本模型之外，亦加入了飽和模型的解析。第四章為灰色權重模型，包含灰色熵，GM(1, N) 及 GM(0, N) 於權重之應用。第五章為灰色統計聚類的介

紹。此外在本書的第二部分，均有自行撰寫之 Matlab GUI 介面式電腦工具，除了使軟體之操作更具方便性外，也提供讀者能做一實地的練習及驗證結果之用。

此外，在本書的附錄中列出了機率統計、模糊理論及灰色理論的差異性、近年來之相關書籍及國內相關博碩士論文，提供讀者對灰色理論於國內發展之了解。希望本書除了能推廣灰色系統理論外，亦可以做為研習灰色理論課程入門之用。

由於作者才疏學淺，如有缺失尚請先進不吝指教。

作者　謹識於彰化　建國科技大學　電機研究所

灰色系統粗糙研究室（Grey System Rough Center: GSRC）

2013 年元月 1 日

　　本書主要係針對灰色理論之基本方法做一介紹，希望能使初學者很快的進入灰色系統理論的領域並加以應用，主要的特色在於自行撰寫Matlab程式，並列舉了許多實用的實例以使讀者能親身體驗，因此建議自學灰色理論時，理論部份和實例互相穿插對照使用。

　　此外，本書的編排為一學期之課程，對於一學期三學分每週三小時（共四十八小時）的課程，建議教學進度如下：

章節	內容	時數	教學進度
第○章	灰色理論的基本概念	三小時	灰色理論基本概念教學。
第一章	灰色生成	六小時	三小時：灰色GM生成模型教學。 三小時：電腦工具箱之操作及應用。
第二章	灰色關聯模型	九小時	六小時：灰色關聯數學模型教學。 三小時：電腦工具箱之操作及應用。
期中討論		六小時	討論相關之期刊及論文。
第三章	論文灰色GM模型	六小時	六小時：灰色GM數學模型教學。 三小時：電腦工具箱之操作及應用。
第四章	灰色權重模型	六小時	三小時：灰色權重模型數學教學。 三小時：電腦工具箱之操作及應用。
第五章	灰色統計聚類模型	六小時	三小時：灰色統計聚類模型數學教學。 三小時：電腦工具箱之操作及應用。
期末論文討論及投稿		六小時	討論相關之期刊及論文。

作者簡歷

溫坤禮：台灣花蓮人，逢甲大學電機系學士，逢甲大學自動控制研究所碩士，中央大學機械工程研究所系統組博士。目前任教於建國科技大學電機工程系（灰色系統粗糙研究室）。

趙忠賢：台灣台北人，大葉大學電機系學士，建國科技大學機電光系統研究所碩士，研究領域為灰色系統理論及 Matlab。

張宏志：台灣台中人，南開科技大學電子系學士，建國科技大學電機研究所碩士，研究領域為灰色系統理論，PSoC 及 Matlab。

陳曉瑩：台灣台中人，建國科技大學電子工程學士，建國科技大學機電光系統研究所碩士，研究領域為灰色系統理論，醫學資訊及 Matlab。

溫惠筑：台灣花蓮人，國立台灣海洋大學資訊工程學系學士，研究領域為電腦硬體，C 語言及 Matlab。

目　錄

第 4 章　灰色理論於權重之分析　　　91

表目錄

a ： 發展係數

b ： 初始參數

$e(k)$ ： 第 k 個誤差

$\bar{e}$ ： 平均總誤差

IFM ： Information

$x^{(0)}$ ： 原始序列

$x^{(t)}$ ： 第 i 次生成序列

$\hat{x}^{(0)}(k)$ ： 第 k 個預測值

$z^{(1)}(k)$ ： 第 k 個背景值

α ： 預測適應值，生成數值因子

β ： 權重因子

ε ： 滾動檢驗精度

γ ： 灰關聯係數

σ ： 權向量

λ ： 特徵值

ς ： 辨識係數

Γ ： 灰關聯度

$\tilde{\theta}$ ： 認知程度

● ： 白色認知

○ ： 黑色認知

⊙ ： 灰色認知

⊗ ： 灰數

第 0 章

灰色基本觀念

0.1　灰色系統理論的產生

在系統理論的發展歷史上，1945 年控制論學者 N. Wiener 的 Closed Box 和 1953 年 W.R Ashby 的 Black Box，兩者都是用來定義內部結構、特性及參數全部未知的系統，此時是以對象外部及直接直觀的因果關係及輸入輸出關係來研究這類事物。後來雖有人提出「灰箱（grey box）」的理論，這是指客觀事物中有部份明確的問題，但是「灰箱」在學術上特點不多，且仍然是以系統外部特徵去研究，「箱」內部分的白訊息依舊無法利用。因為在大系統中，比如社會、經濟及生態等系統，除了時間數據外，其他訊息幾乎一無所有。為此，七十年代末中國華中理工大學鄧聚龍教授開始研究用時間數列建立系統動態模型。1979 年，在錢學森教授主持的軍事系統工程學術會議上，鄧聚龍教授宣讀了「參數不完全大系統的最小信息鎮定」一文。1981 年在上海召開的中美控制系統學術會議上，又宣讀了「Control Problems of Unknown Systems」一文，發言中首次使用「灰色系統（Grey System）」一詞。1982 年 1 月在自動化學報上發表了「參數不完全系統的小信息鎮定」一文。1982 年 3 月，在 North-Holland 出版公司出版的國際雜誌「Systems & Control Letters」上發表了「Control Problems of Grey Systems」，這代表著國際上正式宣告了「灰色系統」的誕生。同年在中國華中工學院學報上發表了灰色系統的第一篇中文論文「灰色控制系統」。經過國內外廣大灰色系統研究及應用學者的不懈耕耘和開拓，使得灰色系統理論體系愈加完善，並已成功地應用於數十個領域之中；如：環境工程、農業、交通、氣象、工程、運輸、經濟、醫療、教育、地質、管理、體育等方面均可

應用。而臺灣在資訊、電子、電機、機械、自動化、航太、土木、水利、建築、工業工程、工業教育、商業、交通運輸、企業管理、體育等方面，均有相當多的相關研究成果報告，並且正在臺灣快速的發展與成長中。

0.2　灰色系統理論的研究內容

綜合而言，灰色理論主要是針對系統模型之不明確性及資訊之不完整性之下，進行關於系統的關聯分析（relational analysis）及模型建構（model construction），並藉著預測（prediction）與決策（decision making）的方法來探討及了解系統的情況。並能對事物的「不確定性」（not certainty）、「多變量輸入」（multi-input）、「離散的數據」（discrete data）及「數據的不完整性」（not enough）做有效的處理。研究的項目可以歸納下列幾項：

1. 灰色生成（Grey generating）

   灰色生成即為補充訊息之數據處理，這是一種就數找數的規律方法，利用此種方式，在一些雜亂無章的數據中，設法將其被掩蓋的規律及特徵浮現出來。換句話說，我們可以利用灰色生成的方式降低數據中的隨機性，並提昇其規律性。

   在灰色理論中常用的生成方法有：

   (1) 灰色關聯生成（Grey relational generating operation; GRGO）：將數據依實際情形在不失真之下所做的數據處理。

(2) 累加生成（Accumulated generating operation; AGO）：將數據依次累加。

(3) 逆累加生成（Inverse accumulated generating operation; IAGO）：累加生成的逆運算。

2. 灰色關聯分析（Grey relational analysis）

這是在灰色系統理論中分析離散（discrete）序列間相關程度的一種測度方法。傳統上的統計迴歸（regression）是處理變數與變數之間關係的一種常用數學方法，對統計迴歸而言，有下列幾項限制：

(1) 變數與變數之間是必須存在著「相互影響」的關係。

(2) 要求大量的數據。

(3) 數據的分佈必須為典型的：例如常態（normal distribution）分佈。

(4) 變化因素不能太多。

因此在某些場合中可能無法很容易的求出答案。而灰色關聯分析具有少數據及多因素分析的，剛好可以彌補統計迴歸上的缺點。

3. 灰色建模（Grey model construction）

這是利用生成過的數據建立一組灰差分（difference）方程與灰擬微分方程之模式。稱為灰色建模，一般可以分成下面幾種：

(1) GM(1, 1)：表示一階微分，而輸入變數為一個，一般做預測用。

(2) GM(1, N)：表示一階微分，而輸入變數則為 N 個，一般做多變量關聯分析用。

(3) GM(0, N)：這是 GM(1, N) 的特例，表示零階微分，而輸入變數則為 N 個，一般做多變量關聯分析用。

4. 灰色預測（Grey prediction）

灰色預測是以 GM(1, 1) 模型為基礎對現有數據所進行的預測方法，實際上則是找出某一數列中間各個元素之未來動態狀況，主要的優點為所需的數據不用太多及數學基礎相當簡單。

5. 灰色決策（Grey decision making）

對某一事件，因為考慮的對策不同而有不同效果，為了解決此一問題，將對策和模型結合所做的決策稱為灰色決策。

6. 灰色控制（Grey control）

在傳統的控制上，一般是利用輸出及輸入間的數據，做成轉移函數（transfer function），再求出所需的增益值，或者利用狀態空間法（state space）求出輸入和輸出之間的動態關係。而灰色控制則是通過系統行為數據，尋求行為發展的規律，以預測未來的行為。當預測值得到後，將此一預測值回授至系統，進行系統控制的一種法則。

0.3　灰色系統理論的相關知識

1. 認知模式（Recognition model）

所謂認知模式是對某一特定的「主題（theme）」做探討，而認知程度的大小則是根據訊息之多寡而定，在灰色理論中是利用（0-1）式加以表示：

$$\text{IFMP:P} \overset{\text{訊息}}{\Longrightarrow} \tilde{\theta} \qquad\qquad （0\text{-}1）$$

其中 i. $\tilde{\theta}$：為認知的程度大小。

ii. IFM：為 information 之意。

對 $\tilde{\theta}$ 而言，當

i. $\tilde{\theta}=1$ 為白色認知：用●表示。

ii. $\tilde{\theta}=0$ 為黑色認知：用○表示。

iii. $0<\tilde{\theta}<1$ 為灰色認知：用⊙表示。

2. 四態（Four States）

上節中的認知模式，主要目的是要把灰色認知模式經由（0-1）式，將欲討論主題中的四種狀態：

$$胚胎態 \Rightarrow 發育態 \Rightarrow 成熟態 \Rightarrow 實證態 \qquad\qquad （0\text{-}2）$$

轉化成白色認知模式。也就是說，我們利用這四種型態的關係，可以將灰色化的認知模式轉化成白色認知模式，完成所討論主題認知的過程。

3. 因果關係與灰色系統

(1) 因果關係（Reason and cause）

大凡世界上之任何事物均具有因果，灰色系統理論也不例外。不過在灰色系統理論中所談論到的因果關係是由灰因、白因、灰果及白果四種關係所相互配對而組成四大類別：

i. 白因白果：銀行存款，存款一定，利息固定。

ii. 白因灰果：雞隻禽流感發病原因明確，受害率為「灰」。

iii. 灰因白果：SARS 感染，原因不明確，結果明確。

iv. 灰因灰果：腸病毒之產生，來源及漫延率均不明確。

(2) 灰色系統

對整個系統而言，可以分為下面三個種類：

i. 白色系統：系統內訊息完全明確。

ii. 灰色系統：系統內訊息一部份明確，一部份不明確。例如
人體為一灰色系統。

明確的部份有：

a. 外部：外表資訊很明確，如五官、身高及體重等。

b. 內部：器官構造，血壓大小，脈博及心跳次數。

不明確的部份則有：

a. 思想的傳遞方式。

b. 記憶速度。

c. 思考模式。

d. 穴道的位置、數目及作用等等。

(3) 黑色系統：系統內訊息完全不明確。

第 1 章

灰色生成

1.1 灰色關聯生成

在灰色系統理論中所謂的灰色關聯生成，主要是將數據依實際情形在不失真的情況下所做的數據處理，並以提昇數據的可視性。

1.1.1 基本數學模型

如果數據為非可比性，但是在可比性的原則下，為達到灰關聯分析之目的，則必須做數據處理，此種方式稱為灰關聯生成，在過去的研究文獻中，灰色關聯生成方式有下列幾種。

1. 灰色理論的傳統方式（**Grey traditional method**）：1982 年迄今
   假設原始數據為：

$$x_1^{(0)} = (x_1^{(0)}(1), x_1^{(0)}(2), x_1^{(0)}(3), \cdots, x_1^{(0)}(m))$$
$$x_2^{(0)} = (x_2^{(0)}(1), x_2^{(0)}(2), x_2^{(0)}(3), \cdots, x_2^{(0)}(m))$$
$$x_3^{(0)} = (x_3^{(0)}(1), x_3^{(0)}(2), x_3^{(0)}(3), \cdots, x_3^{(0)}(m)) \qquad （1\text{-}1）$$
$$\cdots\cdots\cdots\cdots\cdots\cdots\cdots\cdots\cdots\cdots\cdots$$
$$x_n^{(0)} = (x_n^{(0)}(1), x_n^{(0)}(2), x_n^{(0)}(3), \cdots, x_n^{(0)}(m))$$

並且轉換函數為

$$x_i^*(k) = \frac{x_i^{(0)}(k)}{\alpha} \qquad （1\text{-}2）$$

處理方法有以下三種：

(1) 初值化（initial value method）：當 $\alpha = x_i^{(0)}(1)$ 時。

(2) 最大值化（maximum value method）：當 $\alpha = \max_{all\,i}.x_i^{(0)}$ 時。

(3) 最小值化（minimum value method）：當 $\alpha = \min_{all\,i}.x_i^{(0)}$ 時。

2. 效果測度方式（traditional method）：1981 年迄今

   (1) 望大（Larger-the-better）生成

$$x_i^*(k) = \frac{x_i^{(0)}(k)}{\max\limits_{all\,i}.x_i^{(0)}(k)} \qquad (1\text{-}3)$$

   (2) 望小（Smaller-the-better）生成

$$x_i^*(k) = \frac{\min\limits_{all\,i}.x_i^{(0)}(k)}{x_i^{(0)}(k)} \qquad (1\text{-}4)$$

   (3) 望目（Nominal-the-better）生成

$$x_i^*(k) = \frac{\min.\{x_i^{(0)}(k), OB\}}{\max.\{x_i^{(0)}(k), OB\}} \qquad (1\text{-}5)$$

3. 夏郭賢之方式（Hsia's method）：1998 年迄今

   (1) 望大生成

$$x_i^*(k) = \frac{x_i^{(0)}(k) - \min\limits_{all\,i}.x_i^{(0)}(k)}{\max\limits_{all\,i}.x_i^{(0)}(k) - \min\limits_{all\,i}.x_i^{(0)}(k)} \qquad (1\text{-}6)$$

   (2) 望小生成

$$x_i^*(k) = \frac{\max_{all\,i} x_i^{(0)}(k) - x_i^{(0)}(k)}{\max_{all\,i} x_i^{(0)}(k) - \min_{all\,i} x_i^{(0)}(k)}$$ （1-7）

(3) 望目生成

$$x_i^*(k) = 1 - \frac{\left| x_i^{(0)}(k) - OB \right|}{\max_{all\,i} \{O_1, O_2\}}$$ （1-8）

4. 張偉哲之方式（Chang's method）：2000 年迄今

(1) 望大生成

$$x_i^*(k) = \frac{x_i^{(0)}(k)}{\max_{all\,i} x_i^{(0)}(k)}$$ （1-9）

(2) 望小生成

$$x_i^*(k) = \frac{-x_i^{(0)}(k)}{\min_{all\,i} x_i^{(0)}(k)} + 2$$ （1-10）

(3) 望目生成

$$x_i^*(k) = \frac{x_i^{(0)}(k)}{OB}$$ ，當 $x_i^{(0)}(k) \leq OB$ 時 （1-11）

$$x_i^*(k) = -\frac{x_i^{(0)}(k)}{OB} + 2$$ ，當 $x_i^{(0)}(k) > OB$ 時 （1-12）

5. 林江龍之方式（Lin's method）：2005 年迄今

(1) 望大生成

$$x_i^*(k) \approx k_1(x_i^{(0)}(k) - \min.x_i^{(0)}(k))^2 ,$$

$$k_1 = \frac{1}{(\max.x_i^{(0)}(k) - \min.x_i^{(0)}(k))^2} \qquad （1-13）$$

(2) 望小生成

$$x_i^*(k) \approx k_2(x_i^{(0)}(k) - \max.x_i^{(0)}(k))^2 ,$$

$$k_1 = \frac{1}{(\min.x_i^{(0)}(k) - \max.x_i^{(0)}(k))^2} \qquad （1-14）$$

(3) 望目生成

$$x_i^*(k) \approx 1 - k(x_i^*(k) - OB)^2$$

$$= \begin{cases} 1 - k_3(x_i^*(k) - OB)^2, x_i^*(k) \le OB \\ \Rightarrow k_3 = \dfrac{1}{(\min.x_i^*(k) - OB)^2} \\ 1 - k_4(x_i^*(k) - OB)^2, x_i^*(k) \ge OB \\ \Rightarrow k_4 = \dfrac{1}{(\max.x_i^*(k) - OB)^2} \end{cases} \qquad （1-15）$$

其中：

i. $x_i^*(k)$：灰關聯生成後之數值。

ii. $x_i^{(0)}(k)$：原始序列中對應之數值

iii. ：$\max\limits_{all\,i}.x_i^{(0)}(k)$ 原始序列中的最大值。

iv. ：$\min\limits_{all\,i}.x_i^{(0)}(k)$ 原始序列中的最小值。

v. OB：目標值

vi. $O_1 = \max_{all\ i} . x_i^{(0)}(k) - OB$

vii. $O_2 = OB - \min_{all\ i} . x_i^{(0)}(k)$

1.1.2　實例分析：台灣中部地區常用的四種水資源品質之評估

　　台灣中部地區常用的四種水資源分別為彰化市自來水、彰化芬園泉水、埔里松泉水及彰化紅毛井井水。首先列出飲用水的檢驗項目及標準如表 1-1 所示。

表1-1・飲用水標準檢驗項目（國家標準）

檢驗項目	標準值	單　位
1.濁度	4.0	NTU
2.pH 值	7.0	—
3.氯鹽	250.0	mg/L
4.硫酸鹽	250.0	mg/L
5.游離氯氣	0.5	mg/L
6.總硬度	500.0	mg/L
7.含鐵量	0.3	mg/L
8.含錳量	0.05	mg/L
9.大腸桿菌數	250.0	個／mg/L
10.總生菌數	100.0	mg/L

　　再將四種飲用水送至彰化縣環保局做檢驗，結果如表 1-2 所示：

表1-2・四種飲用水的檢驗結果

檢驗項目	彰化市自來水	彰化芬園泉水	埔里松泉泉水	彰化紅毛井水
1.濁度	0.7	1.7	0.3	1.1
2.pH 值	8.0	7.5	6.8	6.7
3.氯鹽	54.0	11.0	6.0	61.0
4.硫酸鹽	85.0	21.0	1.0	181.0
5.游離氯氣	0.10	1.3	< 0.05	0.70
6.總硬度	241.0	104.0	68.0	334.0
7.含鐵量	0.04	0.02	< 0.01	0.14
8.含錳量	< 0.01	< 0.01	< 0.01	< 0.01
9.大腸桿菌數	0	0	0	0
10.總生菌數	1300	7480	624	730

由表 1-2 得知評估水的項目多達十種，但其中由於第八項（含錳量）及第九項（大腸桿菌數）數據為零或趨近零，因此在本例題中加以省略。總硬度均以 10mg/L 為單位，總生菌數則以 100mg/L 為一單位做修正，如表 1-3 所示。

表1-3・四種飲用水的數據修正結果

檢驗項目	彰化市自來水	彰化芬園泉水	埔里松泉泉水	彰化紅毛井水
1.濁度	0.7	1.7	0.3	1.1
2.pH 值	8.0	7.5	6.8	6.7
3.氯鹽	54.0	11.0	6.0	61.0
4.硫酸鹽	85.0	21.0	1.0	181.0
5.游離氯氣	0.10	1.3	0.05	0.70
6.總硬度	24.2	10.4	6.8	33.4
7.含鐵量	0.04	0.02	0.01	0.14
8.總生菌數	13	74.8	6.24	7.3

利用表 1-2 及表 1-3 列出四種飲用水的最大值、最小值及望目值

表1-4．四種飲用水的最大值、最小值、望目值及生成方式

檢驗項目	最大值	最小值	望目值	生成方式
1.濁度	1.7	0.3	—	望小
2.pH 值	8.0	6.7	7.0	望目
3.氯鹽	61	6	—	望小
4.硫酸鹽	182	2	—	望小
5.游離氯氣	1.3	0.05	—	望小
6.總硬度	33.4	6.8	—	望小
7.含鐵量	0.14	0.01	—	望小
8.總生菌數	74.8	6.24	—	望小

我們將四種數據前處理結果整理如表 1-5 至表 1-8 所示。

表1-5．四種飲用水的數據前處理結果（效果測度之方式）

因子及水種類	標準值	彰化市自來水	彰化芬園泉水	埔里松泉泉水	彰化紅毛井水
1.濁度	1.0000	0.4286	0.1765	1.0000	0.2727
2.pH 值	1.0000	0.8750	0.9333	0.9714	0.9571
3.氯鹽	1.0000	0.1111	0.5000	1.0000	0.0984
4.硫酸鹽	1.0000	0.0235	0.0952	1.0000	0.0110
5.游離氯氣	1.0000	0.5000	0.0217	1.0000	0.0714
6.總硬度	1.0000	0.2810	0.6538	1.0000	0.2036
7.含鐵量	1.0000	0.2500	0.5000	1.0000	0.0714
8.總生菌數	1.0000	0.4800	0.0834	1.0000	0.8548

表1-6・四種飲用水的數據前處理結果（夏郭賢之方式）

因子及 水種類	標準值	彰化市 自來水	彰化芬 園泉水	埔里松 泉泉水	彰化紅 毛井水
1.濁度	1.0000	0.7143	0.0000	1.0000	0.4286
2.pH 值	1.0000	0.1493	0.0746	0.0299	0.0448
3.氯鹽	1.0000	0.1273	0.8909	1.0000	0.0000
4.硫酸鹽	1.0000	0.5389	0.8944	1.0000	0.0000
5.游離氯氣	1.0000	0.9778	0.0000	1.0000	0.7111
6.總硬度	1.0000	0.3459	0.8647	1.0000	0.0000
7.含鐵量	1.0000	0.7692	0.9231	1.0000	0.0000
8.總生菌數	1.0000	0.9014	0.0000	1.0000	0.9845

表1-7・四種飲用水的數據前處理結果（張偉哲之方式）

因子及 水種類	標準值	彰化市 自來水	彰化芬 園泉水	埔里松 泉泉水	彰化紅 毛井水
1.濁度	1.0000	−0.3333	−3.6666	1.0000	−1.6666
2.pH 值	1.0000	0.8751	0.9286	0.9714	0.9571
3.氯鹽	1.0000	−7.0000	0.0000	3.1000	−8.1667
4.硫酸鹽	1.0000	−40.5000	−8.5000	1.0000	−89.0000
5.游離氯氣	1.0000	0.0000	−44.0000	1.0000	−11.0000
6.總硬度	1.0000	−1.5588	0.4706	1.0000	−1.9811
7.含鐵量	1.0000	−1.0000	0.0000	1.0000	−11.0000
8.總生菌數	1.0000	−0.0833	−9.9872	1.0000	0.8301

表1-8・四種飲用水的數據前處理結果（林江龍之方式）

因子及 水種類	標準值	彰化市 自來水	彰化芬 園泉水	埔里松 泉泉水	彰化紅 毛井水
1.濁度	1.0000	0.5102	0.0000	1.0000	0.1837
2.pH 值	1.0000	0.0000	0.7500	0.5556	0.0000
3.氯鹽	1.0000	0.0162	0.7937	1.0000	0.0000
4.硫酸鹽	1.0000	0.2904	0.8000	1.0000	0.0000
5.游離氯氣	1.0000	0.9560	0.0000	1.0000	0.5057
6.總硬度	1.0000	0.1196	0.7476	1.0000	0.0000
7.含鐵量	1.0000	0.5917	0.8521	1.0000	0.0000
8.總生菌數	1.0000	0.8125	0.0000	1.0000	0.9693

1.2　灰色 GM 生成模型

　　在灰色理論中所謂的灰色 GM 生成模型，事實上為補充訊息的數據處理方式，是一種就數找數的規律方法，利用此種方式，可以在一些欲處理但卻雜亂又無章的數據中，設法將被掩蓋的規律及特徵加以浮現。換句話說，我們可以利用灰色 GM 生成的手段降低數據中的隨機性，並提昇數據的規律性。

1.2.1　基本數學模型

　　根據灰色理論，GM 模型生成的內容共有下列兩項：

1. 累加生成（Accumulated generating operation: AGO）

　　令 $x^{(0)}$ 為一原始序列，亦即

$$x^{(0)} = (x^{(0)}(1), x^{(0)}(2), x^{(0)}(3), \cdots, x^{(0)}(n))$$
$$= (x^{(0)}(k); k = 1, 2, 3, \cdots, n) \qquad (1\text{-}16)$$

定義 $x^{(1)}$ 為 $x^{(0)}$ 的一次 AGO 序列，數學模式為

$$AGO\{x^{(0)}(k)\} = x^{(1)}(k)$$
$$= \left(\sum_{k=1}^{1} x^{(0)}(k), \sum_{k=1}^{2} x^{(0)}(k), \cdots, \cdots, \cdots, \sum_{k=1}^{n} x^{(0)}(k) \right) \qquad (1\text{-}17)$$

而方程式（1-17）可以寫成一標準型式

$$(x^{(r)}(k); r = 1, 2, 3 \cdots, n) = \left(\sum_{m=1}^{k} x^{(r-1)}(m) \right) \qquad (1\text{-}18)$$

累加生成後使圖形由跳動的情形變成嚴格單調遞增的情形。

2. 逆累加生成（Inverse accumulated generating operation: IAGO）

逆累加生成的基本關係式為

$$I^{(1)}(x^{(r)}(k)) = I^{(0)}(x^{(r)}(k)) - I^{(0)}(x^{(r)}(k-1))$$
$$= x^{(r)}(k) - x^{(r)}(k-1) = x^{(r-1)}(k) \qquad (1\text{-}19)$$

如果簡化成一般式時，當 $r = 1$ 時，可以得到

$$x^{(1)}(k) = \sum_{m=1}^{k-1} x^{(0)}(m) + x^{(0)}(k) = x^{(1)}(k-1) + x^{(0)}(k) \qquad (1\text{-}20)$$

1.2.2　實例分析：累加生成及其圖形

原始序列及一次累加序列各為：$x^{(0)} = \{5, 3, 4, 6\}$，AGO$\{x^{(0)}\}$ = $x^{(1)} = \{5, 8, 12, 18\}$。如圖1-1所示，累加生成後使圖形由跳動的情形變成嚴格單調遞增的情形。

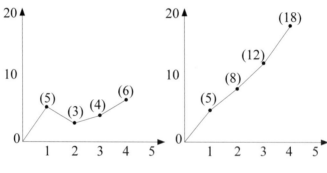

圖1-1・累加生成的結果

第 *2* 章

灰色關聯度

　　灰色關聯度為灰色系統理論中的一大支柱，主要的功能是做離散序列之間測度的計算。在本書中先說明灰色關聯度的整體觀念，並藉著數學方式將傳統的灰色關聯度做適當的修正，使得傳統灰色關聯度能由定性的分析型態轉化成定量的分析型態。

2.1　灰色關聯度

2.1.1　基本數學模型

1. 因子空間（Factor space）

   假設 {P(X)} 為一主題（theme），Q 為一關係（relationship），如果在 {P(X); Q} 的組合情形之下，具有下列幾項的特性：

   (1) 關鍵因子的存在性（existence）：例如籃球選手的關鍵因子為身高、體重及彈跳能力等等。

   (2) 內涵因子的可數性（accountability）：例如選籃球選手的關鍵因子為身高（m）、體重（kg）及彈跳能力（cm）等各因子均為可數的。

   (3) 因子的可擴充性（expansion）：例如選籃球選手的關鍵因子除了身高、體重及彈跳能力外，也可以加入其它因子，如罰球率及阻攻率等等。

   (4) 因子的獨立性（independent）：每一個因子對整體而言，均可以視為是相互獨立的。

此時稱 $\{P(X); Q\}$ 為一個因子空間（factor space）。

2. 序列之可比性（Comparison）

假設有一序列為

$$x_i = (x_1(k), \cdots, x_i(k)) \in X ; \qquad (2\text{-}1)$$

其中：$k = 1, 2, 3, \cdots, n \in N$，$i = 0, 1, 2, \cdots, m \in I$，$X$ 為全集合

如果序列滿足下列三個條件，則稱此一序列 x_i 具有可比性。

(1) 無因次性（non-dimension）：不論因子 $x_i(k)$ 的測度單位為何種型態，必須經過處理成為無因次的型態。

(2) 同等級性（scaling）：各序列 x_i 中之值 $x_i(k)$ 均屬於同等級（order，十的次方）或等級相差不可大於 2。

(3) 同極性（polarization）：序列中的因子描述狀態必須為同方向。

3. 灰關聯測度的四項公理（Axiom）

滿足由因子空間及可比性而形成的空間稱為灰關聯空間，並且使用 $\{P(X); \Gamma\}$ 表示。其中 $\{P(X)\}$ 為主題，而 Γ 為測度大小（measure），對 $\{P(X); \Gamma\}$ 而言，有以下四個公理存在：

(1) 規範性（normality）

$$0 < \gamma(x_i, x_j) \leq 1 \quad \forall i, \forall j \qquad (2\text{-}2)$$

$\gamma(x_i, x_j) = 1$ 時稱為完全相關。$\gamma(x_i, x_j) = 0$ 時稱為不相關。

(2) 偶對稱性（duality symmetric）：當序列只有兩組時

$$\gamma(x_i, x_j) = \gamma(x_j, x_i) \qquad\qquad (2\text{-}3)$$

(3) 整體性（wholeness）：當序列大於三組（含三組）時

$$\overset{\text{often}}{\gamma(x_i, x_j) \neq \gamma(x_j, x_i)} \qquad\qquad (2\text{-}4)$$

(4) 接近性（closeness）：$|x_i(k) - x_j(k)|$ 的大小為整個 $\gamma(x_i(k), x_j(k))$ 的主要控制項，亦即灰色關聯度的大小必須與此項有關。

如果在灰關聯空間中可以找到一個函數 $\gamma(x_i, x_j) \in \varGamma$ 滿足以上的四項公理，則稱 $\gamma(x_i, x_j)$ 為灰色關聯空間中的灰色關聯度（grey relational grade）。

2.1.2　灰色關聯度的分類

在灰色關聯空間 $\{P(X); \varGamma\}$ 中，有一序列：$x_i = (x_i(1), x_i(2), \cdots, x_i(k)) \in X)$，其中 $i = 0, 1, 2, \cdots, m$，$k = 1, 2, 3, \cdots, n \in N$，亦即

$$
\begin{aligned}
x_0 &= (x_0(1), x_0(2), \cdots, x_0(k)) \\
x_1 &= (x_1(1), x_1(2), \cdots, x_1(k)) \\
x_2 &= (x_2(1), x_2(2), \cdots, x_2(k)) \\
&\vdots = \vdots \\
x_m &= (x_m(1), x_m(2), \cdots, x_m(k))
\end{aligned}
\qquad (2\text{-}5)
$$

如果在所有的序列中只取序列 $x_0(k)$ 為參考序列，其它的序列為
比較序列時，則稱為「局部性（localization）灰色關聯度」。
如果在所有的序列中，任一個序列 $x_i(k)$ 均可做為參考序列時，
此時稱為「整體性（globalization）灰色關聯度」。

2.1.3 傳統灰色關聯度的推導

1. 鄧聚龍的灰關聯係數（Deng's grey relational coefficient）

   鄧聚龍的灰關聯係數定義為

$$\gamma(x_i(k), x_j(k)) = \frac{\Delta_{\min.} + \xi\Delta_{\max.}}{\Delta_{0i}(k) + \xi\Delta_{\max.}} \qquad (2\text{-}6)$$

其中　$i = 1, 2, 3, \cdots, m$ ，$k = 1, 2, 3, \cdots, n$ ，$j \in I$

i. x_0 為參考序列，x_i 為一特定之比較序列。

ii. $\Delta_{oi} = \|x_0(k) - x_i(k)\|$：$x_0$ 和 x_i 之間第 k 個差的絕對值
（模：norm）。

iii. $\Delta_{\min} = \overset{\min.\min}{\underset{j\in i}{\forall}} \ \forall k \, \|x_0(k) - x_j(k)\|$

iv. $\Delta_{\max} = \overset{\max.\max}{\underset{j\in i}{\forall}} \ \forall k \, \|x_0(k) - x_j(k)\|$

v. ξ：辨識係數（distinguishing coefficient）：$\xi \in [0, 1]$
（其值可依實際需要調整）。在灰關聯係數中，辨識
係數 ξ 的主要功能是做背景值和待測物之間的對比，
數值的大小可以根據實際的需要做適當之調整。一般
而言，辨識係數的數值均取為 0.5，但是為了加大結果

的差異性，可以依實際需要做調整。由實際的數學證明中得知，辨識係數 ζ 數值的改變只會變化相對數值的大小，不會影響灰色關聯度的排序。

2. 灰色關聯度（Grey relational grade）

當求得灰關聯係數後，傳統方式（鄧聚龍）是取灰關聯係數的平均值為灰色關聯度。

$$\gamma(x_i, x_j) = \frac{1}{n} \sum_{k=1}^{n} \gamma(x_i(k), x_j(k)) \tag{2-7}$$

然而在實際的系統上，各個因子對系統的重要程度並不見得完全相同，因此我們正視各個因子的權重不相等的實際情形，延伸上式中的關聯度的定義為

$$\gamma(x_i, x_j) = \sum_{k=1}^{n} \beta_k \gamma(x_i(k), x_j(k)) \tag{2-8}$$

其中 β_k 表示因子 k 的常態化權重，由使用者決定，但必須滿足 $\sum_{k=1}^{n} \beta_k = 1$，當等權時（2-8）式和（2-7）式會相等。

3. 翁慶昌的灰關聯係數（Wong's grey relational coefficient）

翁慶昌的灰關聯係數定義為

$$\gamma(x_0(k), x_i(k)) = \left\{ \frac{\Delta_{max.} - \Delta_{0i}(k)}{\Delta_{max.} - \xi\Delta_{min}} \right\}^{\xi} \tag{2-9}$$

其中所有的參數和鄧聚龍的灰關聯係數相同。

4. 灰關聯序（Grey relational ordinal）

　根據灰色理論的定義，傳統的灰色關聯度是表示兩個序列的關聯程度，而且為定性的分析，因此最重要的訊息是各個關聯度之數值大小排序。將 m 個比較序列對同一參考序列 x_0 的灰關聯度根據所得之數值大小，加以順序排列，所組成一個大小的關係便稱為灰關聯序，數學模式的表示方式為：在參考序列 x_0 及比較序列 x_i、x_j。$x_0 = (x_0(k))$, $x_i = (x_i(k))$, $k = 1, 2, 3, \cdots, n$, $i = 1, 2, 3, \cdots, m$ 中，如果 $\gamma(x_0, x_i) \geq \gamma(x_0, x_j)$，則稱 x_i 對 x_0 的關聯度大於 x_j 對 x_0 的關聯度，並且用 $x_i > x_j$ 表示，也稱為 x_i 和 x_j 的灰關聯序。

2.1.4　灰色關聯度的定量化

　我們仔細觀察傳統灰色關聯度中的灰關聯係數，首先對方程式（2-6）的分子及分母同時除以 $\Delta_{max.}$，則方程式（2-6）式會成為

$$\gamma(x_0(k), x_i(k)) = \frac{\frac{\Delta_{min.}}{\Delta_{max.}} + \xi}{\frac{\Delta_{0i}(k)}{\Delta_{max.}} + \xi} \qquad (2\text{-}10)$$

此時如果假設 $\gamma(x_0(k), x_i(k)) = z$，$\frac{\Delta_{min.}}{\Delta_{max.}} = x$，$\frac{\Delta_{min.}}{\Delta_{0i}(k).} = y$，其中 $x, y, z \in [0, 1]$，方程式（2-10）可以簡化為

$$z = \frac{x + \xi}{y + \xi} \Rightarrow \xi = \frac{zy - x}{1 - z} \qquad (2\text{-}11)$$

再針對方程式（2-11）繪出圖形如圖2-1所示。對灰關聯係數的數學式而言，很明顯的可以了解主要是利用辨識係數數值的大小對 $\Delta_{max.}$ 做一相對應的調整，使得灰色關聯度能滿足可比性中的同等級性及四項公理中的接近性。再由圖2-1可以得知其間的相互關係顯然為非線性，而傳統的灰色關聯度之公式又為灰關聯係數的線性組合，所以定量化之性質自然無法完整確立，僅僅只能做排序之用，因此方程式（2-6）的作用範圍就值得討論了。為了解決此一問題，發現主要的關鍵點為辨識係數的存在，因此針對辨識係數特性必須做更進一步討論才行。

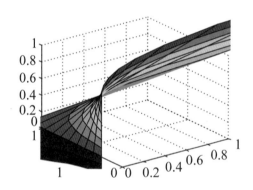

圖2-1‧傳統鄧聚龍的灰關聯係數的圖形

2.1.5　辨識係數等於 1 的修飾型灰色關聯度

修飾型灰色關聯度在目前的研究中，主要是將辨識係數值取為1，使得傳統的定性化灰色關聯度變成定量化的灰色關聯度。

1. 吳漢雄的（Wu's）灰色關聯度：為了改進定性灰色關聯度之缺

點，吳漢雄提出定量型（cardinal）之灰色關聯度，如方程式
（2-12）所示。

$$\Gamma_{0i} = \Gamma(x_0, x_i) = \frac{\Delta_{\min.} + \Delta_{\max.}}{\overline{\Delta}_{0i} + \Delta_{\max.}} \ , \quad \overline{\Delta}_{0i} = \sqrt{\frac{1}{n} \sum_{k=1}^{n} [\Delta_{0i}(k)]^2} \qquad （2\text{-}12）$$

2. 溫坤禮的（Wen's）灰色關聯度：溫坤禮也提出了定量型灰色關
   聯度。

$$\Gamma_{0i} = \Gamma(x_0, x_i) = \frac{\Delta_{\min.} + \Delta_{\max.}}{\overline{\Delta}_{0i} + \Delta_{\max.}} \ , \quad \overline{\Delta}_{0i} = \left\{ \frac{1}{n} \sum_{k=1}^{n} [\Delta_{0i}(k)] \right\} \qquad （2\text{-}13）$$

3. 夏郭賢的（Hsia's）灰色關聯度：夏郭賢指出定性型灰色關聯度
   所產生之測度可能會因序列因子間某些非線性的關係，而使得
   灰色關聯度的排序結果失真或是非為定量化，同樣的提出定量
   型灰色關聯度。主要是將翁慶昌的定性型灰色關聯度中的辨識
   係數 ζ 設定為 1，並且以溫坤禮的定量型灰色關聯度的方式計
   算平均差，再代入灰色關聯度的方程式中。

$$\Gamma_{0i} = \Gamma(x_0, x_i) = \frac{\Delta_{\max.} - \overline{\Delta}_{0i}}{\Delta_{\max.} - \Delta_{\min.}} \ , \quad \overline{\Delta}_{0i} = \left\{ \frac{1}{n} \sum_{k=1}^{n} [\Delta_{0i}(k)] \right\} \ （2\text{-}14）$$

4. 永井正武（Nagai Masatake）的灰色關聯度：永井正武的灰色關
   聯度亦為 1 定量型之灰色關聯度，數學式如方程式（2-15）所
   示。

$$\Gamma_{0i} = \Gamma(x_0(k), x_i(k)) = \frac{\overline{\Delta}_{max.} - \overline{\Delta}_{0i}}{\overline{\Delta}_{max.} - \overline{\Delta}_{min.}} \ ,$$

$$\overline{\Delta}_{0i} = \|x_{0i}\|_\rho = \left(\sum_{k=1}^{n} [\Delta_{0i}(k)]^\rho \right)^{\frac{1}{\rho}} \tag{2-15}$$

$\overline{\Delta}_{max.}$ 及 $\overline{\Delta}_{min.}$ 為 $\overline{\Delta}_{0i.}$ 中的最大值與最小值。$\rho \geq 1, 2, 3, \cdots, m$ 時,稱為敏考斯基模式灰色關聯度。由於取的數值為均方根($\rho = 2$)之方式,因此也稱為歐幾里德模式灰色關聯度。

2.1.6　整體性灰色關聯度

整體性灰色關聯度的定義為每一個序列均可以成為標準序列。由於鄧聚龍與翁慶昌的灰色關聯度為性型的,因此只有下列其他四種灰色關聯度才有整體性灰色關聯度。

1. 吳漢雄的整體性灰色關聯度:

$$\Gamma_{ij} = \Gamma(x_i, x_j) = \frac{\Delta_{min.} + \Delta_{max.}}{\overline{\Delta}_{ij} + \Delta_{max.}} \ , \ \overline{\Delta}_{ij} = \sqrt{\frac{1}{n} \sum_{k=1}^{n} [\Delta_{ij}(k)]^2} \tag{2-16}$$

2. 溫坤禮的整體性灰色關聯度:

$$\Gamma_{ij} = \Gamma(x_i, x_j) = \frac{\Delta_{min.} + \Delta_{max.}}{\overline{\Delta}_{ij} + \Delta_{max.}} \ , \ \overline{\Delta}_{ij} = \left\{ \frac{1}{n} \sum_{k=1}^{n} [\Delta_{ij}(k)] \right\} \tag{2-17}$$

3. 夏郭賢的整體性灰色關聯度：

$$\Gamma_{ij} = \Gamma(x_i, x_j) = \frac{\Delta_{max.} - \overline{\Delta}_{ij}}{\Delta_{max.} - \Delta_{min.}} \ , \quad \overline{\Delta}_{ij} = \left\{ \frac{1}{n} \sum_{k=1}^{n} \Delta_{ij}(k) \right\} \quad （2\text{-}18）$$

4. 永井正武的整體性灰色關聯度：

$$\Gamma_{ij} = \Gamma(x_i, x_j) = 1 - \frac{\overline{\Delta}_{ij}}{\Delta_{max.}} \ , \quad \overline{\Delta}_{ij} = \left(\sum_{k=1}^{n} [\Delta_{ij}(k)]^2 \right)^{\frac{1}{2}} \quad （2\text{-}19）$$

在求出所有的灰色關聯度後，可以用特徵值方式（eigen-vector method）加以排序。其步驟如下所述：如果將各個序列

$$
\begin{aligned}
x_0 &= (x_0(1), x_0(2), \cdots, x_0(k)) \\
x_1 &= (x_1(1), x_1(2), \cdots, x_1(k)) \\
x_2 &= (x_2(1), x_2(2), \cdots, x_2(k)) \\
\vdots \ &= \ \vdots \\
x_m &= (x_m(1), x_m(2), \cdots, x_m(k))
\end{aligned}
\quad （2\text{-}20）
$$

依次以每一個序列為標準序列，其它為比較序列，將所有的灰相關度算出後再經由整理，可以得到一個 $m \times m$ 的矩陣，此一矩陣即稱為「灰關聯矩陣 R」。

$$R_{m \times m} = \begin{bmatrix} \gamma_{11} & \gamma_{12} & \cdots & \gamma_{1m} \\ \gamma_{21} & \gamma_{22} & \cdots & \gamma_{2m} \\ \vdots & \vdots & \ddots & \gamma_{11} \\ \gamma_{m1} & \gamma_{m2} & \cdots & \gamma_{mm} \end{bmatrix} \qquad （2\text{-}21）$$

當矩陣的型態產生後，求取權重的方法為

1. 建立所求目標之矩陣 $[R]_{m \times m}$
2. 求出 R 矩陣的特徵值 $AR = \lambda R$
3. 求出 R 矩陣的特徵向量(P)：形成 $P^{-1}RP = diag\{\lambda_1, \lambda_2, \lambda_3, \cdots, \lambda_n\}$
4. 取最大之特徵值 λ_{max} 所對應的特徵向量，則其中該特徵向量中的各對應元素的數值大小即為權重（取絕對值）。

此一權重對灰關聯矩陣而言，可以表示灰關聯矩陣中的主對角線元素在系統中所佔的重要性之評比，而取其大小排列則可以做為系統中排序的準則。

2.2　局部性灰色關聯度實例分析

2.2.1　台灣中部地區雷擊（氣體絕緣破壞）分析

根據台灣地區歷年電力系統事故原因的統計，發現有 50% 的事故是由雷擊所造成的。而在 1740 年佛蘭克林（Benjamin Franklin）利用風箏證明了雷擊只是一種氣體絕緣破壞的現象，後人也根據此一結果發明了「避雷針（lightning arrester）」，雖然經由時間的累積，電

力系統的防護措施也更臻進步，但是對於雷擊的各種特性仍為不確定的情況下，電力系統的意外及故障仍時有所聞，根據目前的研究，氣體絕緣破壞的性質大致可以歸納為下面幾項：

1. 破壞電壓相當大，為數百 kV 左右。
2. 放電路徑相當長，可長達數公里。
3. 在破壞前，電位梯度的大小介於 30kV/cm 至 100kV/cm 之間。
4. 電流大小往往都在數十萬安培左右。
5. 氣體放電間的間隙非常大。
6. 氣體本身的密度並不是很均勻。

　　根據氣體絕緣破壞之性質及實際的量測，影響氣體絕緣破壞電壓的因子大致可以歸類為：

1. 接地面電位梯度（∇V）：在間隙為兩公分之下其值為 30kV/cm，當間隙大於十公分，其數值則會以非線性的下降至 20kV/cm 左右。
2. 接地面電位梯度之時間上昇率 $\left(\dfrac{d\nabla V}{dt}\right)$。
3. 大氣壓力（Torr）：和破壞值成正比。
4. 相對濕度（%）：和破壞值成正比。
5. 氣體種類。
6. 電流極性。
7. 溫度（Temperature）。
8. 頻率（Frequency）。

　　根據以上的說明，在本例題中提出台灣中部地區氣體絕緣破壞分析。本例題以空氣為主，並且使用衝擊電壓的型式模擬氣體絕緣放

電。首先根據可比性原則，我們從所有可能相關的因子中選出滿足可
比性的四個因子做分析，並經實驗確定其範圍如表 2-1 所示。

表2-1・氣體絕緣破壞特徵的大小值		
項　目	最　小	最　大
電位梯度（∇V）	0kV/cm	30kV/cm
電位梯度對時間上升率$\left(\dfrac{d\nabla V}{dt}\right)$	0kV/(cm・sec)	10kV/(cm・sec)
大氣壓力（Torr）	720	770
相對濕度（%）	65	85

接著建立實驗設備，硬體架構包括：

1. 控制台及面板部份：主要目的為做操控用，規格為：

   (1) 單相系統，電壓為 220 伏特，頻率 60Hz，最大電流 20A。

   (2) 電壓調整為 0 至 260 伏特，電流為 10A，滑線式調整。

   (3) 具過電流跳脫裝置。

2. 衝擊電壓產生器：主要規格為：

   (1) 最大額定為 200kV 及 2.5kJ。

   (2) 輸出波形為 $1.2 \times 50\mu s$。

   (3) 波頭誤差為 50%，波尾誤差為 20%。

   (4) 極性可以改變。

   (5) 使用率為 85%。

3. 球間隙放電系統：如圖 2-2 示：

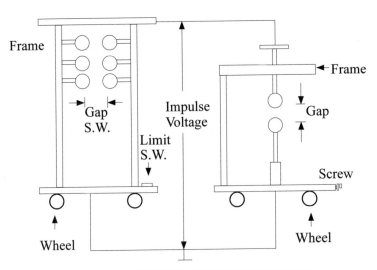

圖2-2・衝擊電壓產生器及球間隙放電系統

(1) 機械手動垂直式。

(2) 放電球直徑 150*mm*。

(3) 放電間隙長為 75*mm*。

實驗步驟為：

1. 架設所需之衝擊電壓設備。

2. 設定做十組實驗，每組實際做 100 次之試驗。

3. 量出十組實驗數值下的各個因子值之平均，如表 2-2 所示。

做法：

1. 原始數據已經滿足可比性，所以使用原數據做灰色關聯度分析。

2. 建立標準序列：由表 2-1 得知標準序列為：$\left\{ \nabla V, \dfrac{d\nabla V}{dt}, \text{Torr}, \% \right\}$

   $= \{30, 10, 760, 75\}$

3. 利用吳漢雄的定量型局部灰色關聯度求出實驗模擬結果（其他三種請讀者計算）。

表2-2・十組氣體絕緣破壞的實驗值

編 號	∇V	$\frac{d\nabla V}{dt}$	大氣壓力（Torr）	相對濕度（%）
1	22.096	9.049	761.0	78.6
2	22-378	5.678	761.1	81.5
3	22.831	7.415	761.3	82.0
4	22.508	8.739	760.8	82.5
5	22.006	8.987	759.0	81.5
6	22.827	8.501	759.5	82-3
7	22.631	8.761	759.8	79.5
8	22.127	8.850	759.3	78.5
9	22.924	7.675	758.7	78.0
10	22.521	7.682	759.0	77.5

4. 利用誤差公式，$e(k) = \left| \frac{x(k) - y(k)}{x(k)} \right| \times 100\%$，實際破壞之數值做比較。

其中：(1) $e(k)$：誤差。(2) $x(k)$：實驗數值。(3) $y(k)$：實驗模擬數值。

表2-3・吳漢雄方式和實際絕緣破壞數值之比較及誤差大小

No.	實驗數值	吳漢雄方式（%）	誤差大小（%）
1	67	66.13	1.30
2	60	62.50	4.17
3	63	62.04	1.52
4	69	61.39	11.03
5	66	62.10	5.91
6	68	62.04	8.76
7	63	66.31	5.25
8	63	66.33	5.29
9	67	67.94	1.40
10	68	67.53	0.69
平均	65.4	64.431	4.0003

2.2.2 台灣地區飲用水可飲性之研究

由於文明進步，全球性水資源開始有缺乏的危險，造成世人的恐慌，惟恐有一天地球上的水會消失，而造成文明的退步，因此目前水資源的開發及保護成為當務之急，除了開發水資源外，污染也是需要研究的課題，不論是水庫內的水或是地下水都多多少少和養殖業及工業廢水扯上關係，尤其是地下水道並不完整的台灣地區，飲用水的品質更值得評估。

由於台灣地區的飲用水多來自水庫及地下水，理論上來說應該是相當乾淨，但卻發現市面上的礦泉水及淨水機反而大行其道，這主要是因人們對飲用水的品質產生質疑。本例題共取得十五個地點及二十一個分析因子做可飲性分析。地點分別為苗栗鹿場（山泉水），苗栗獅潭仙山（湧泉），苗栗泰安鄉泰安溫泉（山泉水），新竹五峰鄉桃山國小（山泉水），新竹新埔義民廟（地下水），南投埔里日月潭（潭水），南投埔里酒廠（地下水），南投信義鄉地利（山澗水），彰化八卦山松柏嶺（地下水），台中霧峰鄉林家花園（地下水），彰化市中山堂紅毛井（湧泉），雲林古坑華山（地下水），嘉義梅山公園（地下水），嘉義蘭潭紅毛埤（潭水）及台中大甲鐵鉆山（劍井）。所量得之因子及數值大小分別如表 2-4 所示（其中：ND ＜MDL（方法偵測極限））。

表2-4·飲用水的原始數據

項目編號	1	2	3	4	5	6	7	8
硬度	160.0	96.0	172.0	191.0	71.0	12.0	27.0	90.0
氨氮	0.150	0.060	0.290	0.130	ND	ND	ND	0.100
硝酸鹽	ND	0.2	0.1	ND	0.1	0.5	ND	ND
硫酸鹽	40.0	66.0	135.0	150.0	40.0	5.0	ND	65.0
Ag	ND	ND	ND	ND	ND	ND	ND	ND
Al^{2+}	0.2862	0.2080	0.3199	0.4192	0.1175	0.0519	0.0660	0.2475
Ca^{2+}	5.4440	5.3580	5.4570	5.4800	5.2390	0.7357	2.6250	5.3740
Cd	ND	ND	ND	ND	ND	ND	ND	ND
Co	ND	ND	ND	0.0104	ND	ND	ND	ND
Cr	0.1376	0.0688	0.0983	0.1180	0.0393	ND	ND	0.0295
Cu	ND	ND	ND	ND	ND	ND	ND	ND
Fe	0.0791	0.0667	0.0520	0.0329	0.0809	0.0267	0.3332	0.0996
K	2.8140	2.1190	2.6290	1.1220	2.1270	1.5340	0.8678	0.6134
Li	0.0093	ND	0.2172	0.0118	0.0137	ND	ND	ND
Mg	12.270	9.0920	12.240	12.120	7.3280	0.3248	1.7810	2.0120
Mn	0.0087	0.0022	0.0140	0.0013	0.0006	0.0535	0.0154	0.0054
Na	19.970	26.830	180.00	17.580	38.280	0.5418	112.50	6.0610
Ni	ND	ND	ND	ND	ND	ND	ND	ND
Pb	ND	ND	ND	0.0409	ND	ND	ND	ND
Sr	0.4731	0.3025	0.5985	0.5111	0.1114	0.0069	0.0211	0.1389
Zn	0.0412	0.0999	0.0333	0.0445	0.0306	0.0718	0.0650	0.0761
項目編號	9	10	11	12	13	14	15	MDL
硬度	78.0	1268.0	281.0	112.0	79.0	158.0	154.0	2700
氨氮	0.100	0.710	0.590	ND	ND	0.330	0.140	60
硝酸鹽	5.5	0.3	2.5	2.6	2.5	ND	1.2	30
硫酸鹽	ND	48.0	175.0	32.0	35.0	85.0	145.0	130
Ag	ND	ND	ND	ND	ND	ND	ND	8
Al^{2+}	0.1331	0.1057	0.2526	0.2625	0.1556	0.4278	0.2048	20
Ca^{2+}	5.2470	5.3040	5.4490	5.4290	5.3380	5.4340	5.3720	0.7
Cd	ND	ND	0.0060	ND	ND	ND	ND	5
Co	ND	ND	0.0118	ND	ND	0.0106	0.0106	10
Cr	0.0492	0.0393	ND	0.0295	0.0492	0.1081	0.1081	20
Cu	ND	ND	ND	ND	ND	ND	0.0096	9
Fe	0.0442	ND	0.3796	0.0578	0.0391	0.4544	0.0974	7
K	1.6900	0.5346	2.0930	0.5398	1.9860	2.9080	2.9130	200
Li	0.0211	ND	ND	ND	0.0121	ND	ND	7
Mg	6.6100	5.6470	20.760	4.6370	8.6710	12.2200	16.8300	0.8
Mn	0.0011	ND	0.0485	0.0017	0.0951	0.0859	0.0024	2
Na	28.760	15.980	65.890	10.360	38.530	37.0900	27.2600	30
Ni	ND	ND	ND	ND	ND	ND	ND	30
Pb	ND	ND	0.0546	ND	ND	0.0478	0.0443	40
Sr	0.1350	0.1095	0.2588	0.1264	0.1593	0.2746	0.2497	0.25
Zn	0.0813	0.0340	0.0410	0.0665	0.0361	0.0449	0.0544	6

對灰色關聯度而言為二十一個比較序列，每一個序列有十五個因子。由於各個分析因子的數值均滿足可比性，不做數據前處理，將 ND 的因子剔除。首先將因子做第一次篩選剩下十四個因子，如表2-5所示。

表2-5・飲用水的因子第一次篩選

項目編號	1	2	3	4	5	6	7	8
硬度	160.0	96.0	172.0	191.0	71.0	12.0	27.0	90.0
氨氮	0.150	0.060	0.290	0.130	ND	ND	ND	0.100
硝酸鹽	ND	0.2	0.1	ND	0.1	0.5	ND	ND
硫酸鹽	40.0	66.0	135.0	150.0	40.0	5.0	ND	65.0
Al^{2+}	0.2862	0.2080	0.3199	0.4192	0.1175	0.0519	0.0660	0.2475
Ca^{2+}	5.4440	5.3580	5.4570	5.4800	5.2390	0.7357	2.6250	5.3740
Cr	0.1376	0.0688	0.0983	0.1180	0.0393	ND	ND	0.0295
Cu	ND	ND	ND	ND	ND	ND	ND	ND
Fe	0.0791	0.0667	0.0520	0.0329	0.0809	0.0267	0.3332	0.0996
K	2.8140	2.1190	2.6290	1.1220	2.1270	1.5340	0.8678	0.6134
Mg	12.270	9.0920	12.240	12.120	7.3280	0.3248	1.7810	2.0120
Mn	0.0087	0.0022	0.0140	0.0013	0.0006	0.0535	0.0154	0.0054
Na	19.970	26.830	180.00	17.580	38.280	0.5418	112.50	6.0610
Sr	0.4731	0.3025	0.5985	0.5111	0.1114	0.0069	0.0211	0.1389
Zn	0.0412	0.0999	0.0333	0.0445	0.0306	0.0718	0.0650	0.0761
項目編號	9	10	11	12	13	14	15	MDL
硬度	78.0	1268.0	281.0	112.0	79.0	158.0	154.0	2700
氨氮	0.100	0.710	0.590	ND	ND	0.330	0.140	60
硝酸鹽	5.5	0.3	2.5	2.6	2.5	ND	1.2	30
硫酸鹽	ND	48.0	175.0	32.0	35.0	85.0	145.0	130
Al^{2+}	0.1331	0.1057	0.2526	0.2625	0.1556	0.4278	0.2048	20
Ca^{2+}	5.2470	5.3040	5.4490	5.4290	5.3380	5.4340	5.3720	0.7
Cr	0.0492	0.0393	ND	0.0295	0.0492	0.1081	0.1081	20
Cu	ND	ND	ND	ND	ND	ND	0.0096	9
Fe	0.0442	ND	0.3796	0.0578	0.0391	0.4544	0.0974	7
K	1.6900	0.5346	2.0930	0.5398	1.9860	2.9080	2.9130	200
Mg	6.6100	5.6470	20.760	4.6370	8.6710	12.2200	16.8300	0.8
Mn	0.0011	ND	0.0485	0.0017	0.0951	0.0859	0.0024	2
Na	28.760	15.980	65.890	10.360	38.530	37.0900	27.2600	30
Sr	0.1350	0.1095	0.2588	0.1264	0.1593	0.2746	0.2497	0.25
Zn	0.0813	0.0340	0.0410	0.0665	0.0361	0.0449	0.0544	6

經由可飲性的分析方式，做第二次因子篩選，如表 2-6 所示。

表2-6·飲用水的因子第二次篩選

項目編號	1	2	3	4	5	6	7	8
硬度	160.0	96.0	172.0	191.0	71.0	12.0	27.0	90.0
氨氮	0.150	0.060	0.290	0.130	ND	ND	ND	0.100
硝酸鹽	ND	0.2	0.1	ND	0.1	0.5	ND	ND
硫酸鹽	40.0	66.0	135.0	150.0	40.0	5.0	ND	65.0
Cr	0.1376	0.0688	0.0983	0.1180	0.0393	ND	ND	0.0295
Fe	0.0791	0.0667	0.0520	0.0329	0.0809	0.0267	0.3332	0.0996
Mn	0.0087	0.0022	0.0140	0.0013	0.0006	0.0535	0.0154	0.0054
Zn	0.0412	0.0999	0.0333	0.0445	0.0306	0.0718	0.0650	0.0761
項目編號	9	10	11	12	13	14	15	MDL
硬度	78.0	1268.0	281.0	112.0	79.0	158.0	154.0	2700
氨氮	0.100	0.710	0.590	ND	ND	0.330	0.140	60
硝酸鹽	5.5	0.3	2.5	2.6	2.5	ND	1.2	30
硫酸鹽	ND	48.0	175.0	32.0	35.0	85.0	145.0	130
Cr	0.0492	0.0393	ND	0.0295	0.0492	0.1081	0.1081	20
Fe	0.0442	ND	0.3796	0.0578	0.0391	0.4544	0.0974	7
Mn	0.0011	ND	0.0485	0.0017	0.0951	0.0859	0.0024	2
Zn	0.0813	0.0340	0.0410	0.0665	0.0361	0.0449	0.0544	6

表2-7．符合飲用水水源水質標準

項目編號	1	2	3	4	5	6	7	8
硬度	1.60	0.96	1.72	1.91	0.71	0.13	0.27	0.90
氨氮	0.15	0.06	0.29	0.13	0.00	0.00	0.00	0.10
硝酸鹽	0.00	0.20	0.10	0.00	0.10	0.50	0.00	0.00
硫酸鹽	0.40	0.66	1.35	1.50	0.40	0.05	0.00	0.65
Cr	0.14	0.07	0.10	0.12	0.04	0.00	0.00	0.03
Fe	0.08	0.07	0.05	0.03	0.08	0.03	0.33	0.10
Mn	0.87	0.22	1.40	0.13	0.06	5.35	1.54	0.54
Zn	0.04	0.10	0.03	0.04	0.03	0.07	0.07	0.08
項目編號	9	10	11	12	13	14	15	MDL
硬度	0.78	12.68	2.81	1.13	0.79	1.58	1.54	2700
氨氮	0.10	0.71	0.59	0.00	0.00	0.33	0.14	60
硝酸鹽	5.50	0.30	2.50	2.60	2.50	0.00	1.20	30
硫酸鹽	0.00	0.48	1.75	0.32	0.35	0.85	1.45	130
Cr	0.05	0.04	0.00	0.03	0.05	0.11	0.11	20
Fe	0.04	0.00	4.85	0.17	9.51	8.59	0.24	7
Mn	0.11	0.00	4.85	0.17	9.51	8.59	0.24	2
Zn	0.08	0.03	0.04	0.07	0.04	0.04	0.05	6

表 2-7 為利用表 2-8 數據生成處理。

表2-8．符合飲用水水源水質標準序列

項目／編號	標準序列
硬度	500/100 = 5
氨氮	0.1
硝酸鹽	10
硫酸鹽	250/100 = 2.5
Cr	0.05
Fe	0.3
Mn	0.05×100 = 5
Zn	5

將標準序列定為 x_0，其它比較序列為 $x_1 \sim x_{15}$，如表 2-9 所示。

表2-9・符合飲用水水源水質標準之序列

項目編號	標　準	1	2	3	4	5	6	7
硬度	5.00	1.60	0.96	1.72	1.91	0.71	0.13	0.27
氨氮	0.10	0.15	0.06	0.29	0.13	0.00	0.00	0.00
硝酸鹽	10.00	0.00	0.20	0.10	0.00	0.10	0.50	0.00
硫酸鹽	2.50	0.40	0.66	1.35	1.50	0.40	0.05	0.00
Cr	0.05	0.14	0.07	0.10	0.12	0.04	0.00	0.00
Fe	0.30	0.08	0.07	0.05	0.03	0.08	0.03	0.33
Mn	5.00	0.87	0.22	1.40	0.13	0.06	5.35	1.54
Zn	5.00	0.04	0.10	0.03	0.04	0.03	0.07	0.07
項目編號	8	9	10	11	12	13	14	15
硬度	0.90	0.78	12.68	2.81	1.13	0.79	1.58	1.54
氨氮	0.10	0.10	0.71	0.59	0.00	0.00	0.33	0.14
硝酸鹽	0.00	5.50	0.30	2.50	2.60	2.50	0.00	1.20
硫酸鹽	0.65	0.00	0.48	1.75	0.32	0.35	0.85	1.45
Cr	0.03	0.05	0.04	0.00	0.03	0.05	0.11	0.11
Fe	0.10	0.04	0.00	0.38	0.06	0.04	0.45	0.10
Mn	0.54	0.11	0.00	4.85	0.17	9.51	8.59	0.24
Zn	0.08	0.08	0.03	0.04	0.07	0.04	0.04	0.05

做法：

1. 原始數據已經滿足可比性，所以使用原始數據做灰色關聯度分析。

2. 建立標準序列：由表 2-9 中建立標準序列為：

$x_0 = \{5.0, 0.10, 10.00, 2.50, 0.05, 0.30, 5.00, 5.00\}$，比較序列 $x_1 \sim$ x_{15}。

3. 利用四種定量型局部灰色關聯度求出結果，如表 2-10 至表 2-13 所示。

表2-10．飲用水水源水質之灰色關聯度值（吳漢雄之方式）	
水質地點及名稱	灰色關聯度值%
1.苗栗鹿場（山泉水）	69.25
2.苗栗獅潭仙山（湧泉）	68.92
3.苗栗泰安鄉泰安溫泉（山泉水）	70.08
4.新竹五峰鄉桃山國小（山泉水）	69.17
5.新竹新埔義民廟（地下水）	68.45
6.南投埔里日月潭（潭水）	70.18
7.南投埔里酒廠（地下水）	68.77
8.南投信義鄉地利（山澗水）	68.81
9.彰化八卦山松柏嶺（地下水）	74.63
10.台中霧峰鄉林家花園（地下水）	66.27
11.彰化市中山堂紅毛井（湧泉）	76.86
12.雲林古坑華山（地下水）	71.90
13.嘉義梅山公園（地下水）	71.78
14.嘉義蘭潭紅毛埤（潭水）	69.64
15.台中大甲鐵鉆山（劍井）	70.68

表2-11・飲用水水源水質之灰色關聯度值（溫坤禮之方式）

水質地點及名稱	灰色關聯度值%
1.苗栗鹿場（山泉水）	76.43
2.苗栗獅潭仙山（湧泉）	75.75
3.苗栗泰安鄉泰安溫泉（山泉水）	77.81
4.新竹五峰鄉桃山國小（山泉水）	76.86
5.新竹新埔義民廟（地下水）	75.10
6.南投埔里日月潭（潭水）	78.57
7.南投埔里酒廠（地下水）	75.66
8.南投信義鄉地利（山澗水）	75.79
9.彰化八卦山松柏嶺（地下水）	78.98
10.台中霧峰鄉林家花園（地下水）	85.37
11.彰化市中山堂紅毛井（湧泉）	85.08
12.雲林古坑華山（地下水）	77.24
13.嘉義梅山公園（地下水）	84.50
14.嘉義蘭潭紅毛埤（潭水）	82.33
15.台中大甲鐵鉆山（劍井）	77.58

表2-12・飲用水水源水質之灰色關聯度值（夏郭賢之方式）

水質地點及名稱	灰色關聯度值%
1.苗栗鹿場（山泉水）	69.16
2.苗栗獅潭仙山（湧泉）	67.99
3.苗栗泰安鄉泰安溫泉（山泉水）	71.49
4.新竹五峰鄉桃山國小（山泉水）	69.89
5.新竹新埔義民廟（地下水）	66.84
6.南投埔里日月潭（潭水）	72.72
7.南投埔里酒廠（地下水）	67.83
8.南投信義鄉地利（山澗水）	68.06
9.彰化八卦山松柏嶺（地下水）	72.39
10.台中霧峰鄉林家花園（地下水）	82.86
11.彰化市中山堂紅毛井（湧泉）	82-36
12.雲林古坑華山（地下水）	70.54
13.嘉義梅山公園（地下水）	81.66
14.嘉義蘭潭紅毛埤（潭水）	80.00
15.台中大甲鐵鉆山（劍井）	71.10

表2-13・飲用水水源水質之灰色關聯度值（永井正武之方式）

水質地點及名稱	灰色關聯度值%
1.苗栗鹿場（山泉水）	31.29
2.苗栗獅潭仙山（湧泉）	27.95
3.苗栗泰安鄉泰安溫泉（山泉水）	39.43
4.新竹五峰鄉桃山國小（山泉水）	30.44
5.新竹新埔義民廟（地下水）	22.12
6.南投埔里日月潭（潭水）	40.42
7.南投埔里酒廠（地下水）	26.45
8.南投信義鄉地利（山澗水）	26.81
9.彰化八卦山松柏嶺（地下水）	81.24
10.台中霧峰鄉林家花園（地下水）	00.00
11.彰化市中山堂紅毛井（湧泉）	100.0
12.雲林古坑華山（地下水）	56.83
13.嘉義梅山公園（地下水）	55.74
14.嘉義蘭潭紅毛埤（潭水）	35.18
15.台中大甲鐵鉆山（劍井）	45.25

2.2.3 肝功能診斷系統之初步研究

　　根據衛生署近年來的報告中指出，台灣地區的因疾病而死亡的人數中，超過 40% 是死於肝的疾病，因此在一般的醫院中均有肝功能檢測的項目，但是檢測的向往往是相當的簡單，只針對 AST（aspartate aminotransferase）及 ALT（alanine aminotransferase）兩大項，而且對被檢查者而言，答案相當灰色，只有『正常』及『不正常』兩種，對於當事人而言，往往不知如何進一步決策。因此本題

打算利用肝功能檢查項目之量化值，做分級之評估，提出如何使被檢查者得知更詳細之結果，並且提供『警訊及建議』，提昇醫療品質。當細胞損傷或壞死之後，肝細胞內的 AST 及 ALT 會釋放到血液中，造成檢驗的數值上升。AST 是一個敏感但非專一性的肝細胞危險指標，檢驗肝功能 ALT 比 AST 較具專一性，有少量 ALT 存在於心臟、肌肉和其他組織，例如心肌壞死也會造成血液的 ALT 上升。當 AST 的值大於 1000IU/liter 通常代表是病毒，藥物或者局部缺血引起的肝炎。ALT 對於監測脂肪肝較 AST 和 γ-GTP 具敏感性。鹼性磷酸酵素（AP）存在於肝細胞、骨頭（反射成骨細胞之活性）、腸道和胎盤。因此，肝膽方面的疾病、骨骼方面的受損及其他因素會引起其數值上升，成長發育中的青少年也會有偏高現象。γ-GTP 是一種分解蛋白質的酵素，主要存在肝、膽道上皮細胞，少部分存在腎、胰臟、腦和其它組織。γ-GTP 是一非專一性但對於診斷肝膽疾病很敏感，常用於診斷膽道阻塞或膽汁阻塞性肝病，此酵素也跟飲酒有密切關係，大量飲酒時常會有高度上升，因此大部分患有酒精性肝病的人 γ-GTP 會升高。此外服用某些特殊的藥物也會引起 γ-GTP 上升，因此 γ-GTP 上升可能是患有膽道或肝的疾病、服用特殊藥物或酗酒所造成。血清 γ-GTP 通常與 AP 活性有關，並且被證實 AP 值高與肝有關。而白蛋白是血中的一種蛋白質，大多在肝臟合成，常用於幫助診斷肝、腸胃道和腎臟等疾病和身體的營養狀態。白蛋白減少時可能是肝硬化、腎病症候群、營養不良所造成。在慢性肝臟疾病，監測血清蛋白值可作為肝功能及其它疾病預後之診斷指標。

　　在過去的研究中多數是對肝功能指數所做的分析，分別是檢驗天門冬酸氨基轉移酵素（AST），丙氨酸轉移酵素（ALT）和 γ-GTP （gamma 麩氨酸轉肽酶）在血中之數值，以用來診斷病毒感染，慢性肝炎、脂肪肝、肝細胞壞死和局部缺血的肝臟損傷。除了此三個酵素，其它的檢測項目並無一定的生化標準來診斷肝功能，雖然可以得知肝功能指數，並反映肝臟健康情形，做為全身健康的指標。但是對被檢查者而言，不是很容易的了解，因此本例題以被檢查者為出發點，透過肝功能指數，並以肝臟病預測模式來評估肝疾病危險因子的，基本架構如圖 2-3 所示。

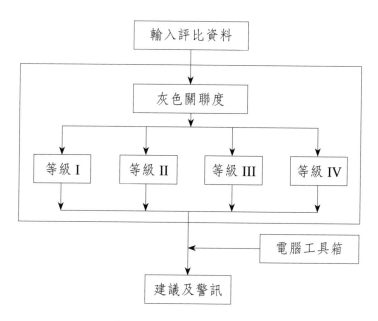

圖2-3・肝功能評估架構圖

做法：

1. 基本概念：目前對於肝功能的分析而言，檢查指標有八種。

    (1) The Alanine Aminotransferase: (AST)

(2) The Aspartate Aminotransferase: (ALT)

(3) The Total Protein: (T-Protein)

(4) The Albumin: (Albumin)

(5) The Alkaline Phosphataes: (ALK-P)

(6) The Globulin: (Globulin)

(7) The ratio of Albumin and Globulin: (A/G)

(8) TheGlobulin Total Protein: (γ-GTP)

經由實際的案例，以第一項、第二項、第四項、第五項及第八項為影響因子，範圍如表 2-14 所示。

表2-14・影響因子的範圍

編號	項　目	範圍	單位
1	Alanine Aminotransferase (AST)血清麩氨酸苯醋酸轉氨基酶	15-41	IU/L
2	Aspartate Aminotransferas (ALT)血清麩氨酸丙酮酸轉氨基酶	10-40	IU/L
4	The Albumin 白蛋白	2.5-4.8	g/dl
5	Alkaline Phosphataes: ALK-P 鹼性磷酯酶	32-91	IU/L
8	Gamma Globulin Total Protein: γ-GTP 麩氨轉酸酶	7-64	U/L

依據衛生署資料顯示，以表 2-14 為基礎，將影響因子客觀的分成四級，每一級的範圍如表 2-15 所示。

級　別	I	II	III	IV
AST	[15, 21.5]	(21.5, 28]	(28, 34.5]	(34.5, 41]
ALT	[10, 17.5]	(17.5, 25]	(25, 32.5]	(32.5, 40]
Albumin	[4.8.4.5]	(4.5, 4.2]	(4.2, 2.9]	(2.9, 2.5]
ALK-P	[32, 47]	(47, 62]	(62, 77]	(77, 91]
γ-GTP	[7, 21]	(21, 35)	(35, 49]	(49, 64)

表2-15・影響因子的分級及範圍

其中：*AST 及 ALT：取望小。**Albumin：取望大。***ALK-P 及 γ-GTP 取望小。
[ ]：閉區間。( )：開區間。

2. 數學分析

首先以 x_i 表示被檢查之對象，根據表 2-15 將分級的範圍表示為 x_i 至 x_{IV} 為四種標準之序列。

等級 I：x_i = (15.00, 10.00, 4.80, 32.00, 7.00)

等級 II：x_{II} = (21.51, 17.51, 4.51, 47.01, 21.01)

等級 III：x_{III} = (28.01, 25.01, 4.21, 62.01, 35.01)

等級 IV：x_{IV} = (34.51, 32.50, 2.91, 77.01, 49.01)

除此之外，定義絕對權重（absolute weighting）為 5，3，1 及 0，而相對權重（relative ordering-weighting）為 0.4，0.3，0.2 及 0.1，以做決策分析，而得到健康級數（health-score）的公式為：$\sum_{所有等級}$ （絕對權重）× （相對權重）

其中的範圍值：

1. 最大值：5 × 0.4 + 3 × 0.3 + 1 × 0.2 + 0 × 0.1 = 3.1

2. 最小值：5 × 0.1 + 3 × 0.2 + 1 × 0.3 + 0 × 0.4 = 1.4

利用最大值與最小值，以等間距之方式建立健康決策表，如表2-16 所示。

表2-16・健康決策表

等　級	範　圍	建　議
A (Excellent)	2.71〜2.10	Maintain the good condition
B (Good)	2.21〜2.70	Do routine check
C (Bad)	1.71〜2.20	Do further check
D (Worst)	1.40〜1.70	Go to hospital as soon as possible

3. 實例分析

資料的來源為某署立醫院 10 位健檢之數值，根據表2-17的數值，以第一位健檢者之資料做測試 x_1 = (36, 35, 4.15, 58, 42)，再以四種灰關聯度方式加以分析，可以得到

Γ_{1I} = 0.5910, Γ_{1II} = 0.7060, Γ_{1III} = 0.8400, Γ_{1IV} = 0.7940。

Γ_{1I} = 0.6230, Γ_{1II} = 0.7350, Γ_{1III} = 0.8950, Γ_{1IV} = 0.8910。

Γ_{1I} = 0.3930, Γ_{1II} = 0.6380, Γ_{1III} = 0.8820, Γ_{1IV} = 0.8770。

Γ_{1I} = 0.2220, Γ_{1II} = 0.5320, Γ_{1III} = 0.7850, Γ_{1IV} = 0.7090。

編　號	AST	ALT	Albumin	ALK-P	γ-GTP
			表2-17・某署立醫院 10 位健檢之數值		
1	27	34	2.8	49	51
2	25	20	2.9	57	45
3	36	98	4.3	61	92
4	22	15	2.8	33	53
5	24	32	4.6	67	42
6	21	19	4.2	41	50
7	40	73	2.6	45	51
8	23	18	2.9	47	58
9	72	99	2.5	57	64
10	16	13	4.0	62	69

接著使用相同的方式將第 2 位至第 10 位之資料計算，首先以吳漢雄之方式為例加以分析，得到如表 2-18 及表 2-19 之結果（其餘方式請讀者自行計算）。

編　號	等級 I	等級 II	等級 III	等級 IV
	表2-18・第 2 位至第 10 位健檢者之灰色關聯度值（吳漢雄之方式）			
1	0.6460	0.7410	0.8160	0.7240
2	0.6410	0.7640	0.8710	0.7680
3	0.6070	0.6440	0.680	0.7120
4	0.6890	0.7480	0.7420	0.6780
5	0.5890	0.7080	0.8710	0.8310
6	0.680	0.7640	0.7780	0.7020
7	0.6360	0.6850	0.7240	0.7340
8	0.6770	0.7550	0.7990	0.7580
9	0.6220	0.6560	0.6890	0.7160
10	0.6680	0.7300	0.7850	0.7910

表2-19・第2位至第10位健檢者之健康級數及健康決策（吳漢雄之方式）

編　號	健康級數	健康決策
1	1.5	D
2	1.5	D
3	1.4	D
4	2.5	B
5	1.5	D
6	1.8	C
7	1.4	D
8	1.5	D
9	1.4	D
10	1.4	D

2.3　整體性灰色關聯度實例分析

2.3.1　績優導師之評量

　　本例以某技術學院某一學年度電機系之導師評比分數表為實例（共計二十位導師），在不設定標準值下，分析所評比之導師之間的相對最佳化，以輔導學務之工作。而各項研究因子之建立及分析如下所述：某技術學院績優導師遴選辦法中的各因子項目及分數如表2-20所示。

評分項目	考核單位	滿　分
表2-20 · 績優導師評比項目及其所佔分數			
1.各項集會出席	生活輔導組	10 分
2.導師時間及班會輔導	課外活動組及輔導中心	10 分
3.學生情意分數	生活輔導組	12 分
4.生活教育競賽評分	生活輔導組及衛生保健組	15 分
5.導師午餐匯報出席情形	課外活動組	8 分
6.系主任評分	各系主任	15 分

各個因子分析的詳情如下所述：

1. 項集會出席：滿分十分，每次不到扣 0.5 分。

2. 師時間及班會輔導：滿分十分，每次不到扣 0.5 分。

3. 學生情意分數：滿分十二分，根據以下的條文及五等第法評分（很滿意，滿意，尚可，不滿意，很不滿意）：

    (1) 請假能容易找到導師嗎？

    (2) 導師時間以外，導師常常利用時間到教室探視學生，並輔導學生之生活或課業嗎？

    (3) 導師輔導學生午休之效果如何？

    (4) 導師輔導學生清潔工作之效果如何？

    (5) 導師輔導學生服裝儀容之效果如何？

    而評分方式為發出調查數為 N。分數分配為：很滿意 (A)：五分，滿意 (B)：四分，尚可 (C)：三分，不滿意 (D)：二分，很不滿意 (E)：一分。計算公式為：

$$得分 = \frac{5A + 4B + 3C + 2D + E}{2.5N}$$

4. 生活教育競賽評分：滿分十五分，每次不到扣 0.5 分。

5. 導師午餐匯報出席情形：兩週一次導師午報，滿分八分，一次
不到扣 1 分。

6. 系主任評分：滿分十五分，系主任依導師對學生之生活輔導效
果予以評分。

做法：

1. 列出二十位導師之評比分數

表2-21・二十位導師之評比分數

項目編號	1.各項集會出席	2.導師時間及班會輔導	3.學生情意分數	4.生活教育競賽	5.導師午餐匯報出席	6.系主任評分
No:1	9.5	10.0	10.32	11.34	8	14.0
No:2	9.0	7.5	9.44	12.12	8	12.5
No:3	10.0	9.5	9.57	10.16	7	14.5
No:4	8.5	9.0	9.30	10.54	7	12.0
No:5	9.0	8.5	10.60	12.39	8	12.5
No:6	8.5	9.0	10.47	11.23	7	12.0
No:7	10.0	9.5	9.10	12.57	7	14.5
No:8	10.0	7.5	8.80	11.87	8	12.0
No:9	9.5	8.5	7.44	10.53	6	12.5
No:10	9.0	8.0	8.53	11.58	6	12.5
No:11	9.5	9.0	9.40	11.80	8	12.0
No:12	9.0	9.5	8.80	12.29	6	14.0
No:13	10.0	9.5	9.62	12.14	7	12.0
No:14	8.5	8.5	8.62	12.13	8	14.0
No:15	8.0	8.0	8.80	11.25	6	12.5
No:16	8.5	8.5	10.56	12.13	7	12.5
No:17	8.0	7.5	11.79	11.79	7	12.0
No:18	8.0	7.0	10.49	10.49	7	12.5
No:19	8.6	8.0	10.24	12.24	8	12.0
No:20	9.0	8.0	10.71	12.71	8	14.0

2. 利用四種定量型整體灰色關聯度求出結果，如表2-22至表2-25
　　所示。

表2-22・二十位導師之量化分數表（吳漢雄之方式）					
編　號	權重數值	排　名	編　號	權重數值	排　名
No:1	0.2210	12	No:11	0.2216	11
No:2	0.2204	15	No:12	0.2210	12
No:3	0.2134	20	No:13	0.2186	8
No:4	0.2204	15	No:14	0.2291	7
No:5	0.2317	2	No:15	0.2208	14
No:6	0.2319	1	No:16	0.2274	10
No:7	0.2136	19	No:17	0.2301	3
No:8	0.2174	17	No:18	0.2159	18
No:9	0.2295	4	No:19	0.2294	5
No:10	0.2280	9	No:20	0.2292	6

表2-23・二十位導師之量化分數表（溫坤禮之方式）					
編　號	權重數值	排　名	編　號	權重數值	排　名
No:1	0.2129	19	No:11	0.2251	11
No:2	0.2275	9	No:12	0.2314	3
No:3	0.2300	6	No:13	0.2233	12
No:4	0.2180	14	No:14	0.2327	2
No:5	0.2303	5	No:15	0.2039	20
No:6	0.2306	4	No:16	0.2290	8
No:7	0.2139	18	No:17	0.2343	1
No:8	0.2266	10	No:18	0.2176	15
No:9	0.2165	16	No:19	0.2299	7
No:10	0.2142	17	No:20	0.2217	13

表2-24・二十位導師之量化分數表（夏郭賢之方式）

編 號	權重數值	排 名	編 號	權重數值	排 名
No:1	0.2074	19	No:11	0.2251	11
No:2	0.2295	9	No:12	0.2350	3
No:3	0.2324	7	No:13	0.2222	12
No:4	0.2164	14	No:14	0.2367	2
No:5	0.2328	5	No:15	0.1928	20
No:6	0.2343	4	No:16	0.2310	8
No:7	0.2082	18	No:17	0.2393	1
No:8	0.2290	10	No:18	0.2158	15
No:9	0.2141	16	No:19	0.2326	6
No:10	0.2103	17	No:20	0.2207	13

表2-25・二十位導師之量化分數表（永井正武之方式）

編 號	權重數值	排 名	編 號	權重數值	排 名
No:1	0.2154	13	No:11	0.2408	8
No:2	0.2539	4	No:12	0.2684	1
No:3	0.1816	18	No:13	0.2144	14
No:4	0.2448	7	No:14	0.2477	6
No:5	0.2480	5	No:15	0.2388	9
No:6	0.2579	3	No:16	0.2090	16
No:7	0.2096	15	No:17	0.2331	10
No:8	0.1996	17	No:18	0.1546	19
No:9	0.1478	20	No:19	0.2626	2
No:10	0.2203	12	No:20	0.2297	11

2.3.2　麻將致勝因子之分析

麻將是中國人最喜歡玩的一種牌戲，可以說是中國的國粹。關於麻將的起源，歷史並沒有明確的記載，有人認為是在春秋戰國時代，也有人認為是明朝萬曆年間，更有人說麻將其實是宋朝司馬光發明的，可是也沒有確實的根據。其實一種遊戲流傳的時間久了，一定經過了若干程度的改進、修正與變化，鮮少是由某一人一開始就發明出某種遊戲。麻將原稱「麻雀」，民國初年由大陸傳入台灣，慢慢地從廣東的十三張，演變成今天台灣的十六張玩法。雖然打麻將會使人與賭博產生聯想，與「玩物喪志」及「傾家蕩產」等不好的字眼相伴而生，但是面對全球時下將近十二億的中國人，此一中國人悠久的傳統娛樂，實在應該坦然面對陽光，使有心人士能夠正視他。有位名人曾公開表示，麻將是最能表現中國人智慧的一種娛樂，並且現代醫學也推薦使用打麻將方式以治療「老人癡呆症」。的確，麻將不但是一種高深莫測的學問，也是一種應用廣泛的「遊戲」。

如果要學麻將，必須先認識麻將的一百四十四張牌。一副麻將，包含了筒子，條子（又稱為索子），萬子及字牌等四種花色。每張牌各有四張。另外，台灣十六張還必須用到梅蘭竹菊及春夏秋冬八張花牌，加起來總共一百四十四張。現在，就讓我們進一步來認識整副麻將中的每一張牌。

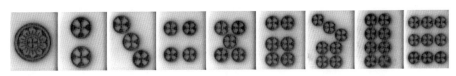

圖2-4・筒子：一筒到九筒，每一數有四張，共三十六張。一筒又稱為大餅

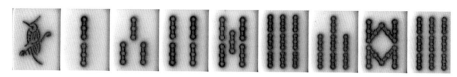

圖2-5．條子：又稱為索子。一條到九條，每一數四張，共三十六張。一條又稱么雞

圖2-6．萬子：一萬到九萬，每一數四張，共三十六張

圖2-7．字牌：共有東、南、西、北、中、發、白七種，每種四張，共二十八張

圖2-8．花牌：台灣十六張麻將專用，共有梅蘭竹菊及春夏秋冬共八張

　　試想一百四十四張所分配出來的牌局，幾乎沒有一把是相同的，玩者必須運籌帷幄才能贏得最後的勝利。一般而言，由過去的研究中得知四人打完三將（12 圈：約六小時左右）後，技術與運氣比例是百分之三十五比百分之六十五。但是別看這小小的百分之三十五，當

運氣差不多時,它往往是獲得大勝的關鍵。不過切記,小賭可以怡心養神,但大賭會傾家蕩產。打麻將時勿留連於方城之戰,而忽略了正當的職業,才是明智之舉,也不辜負了此種美好的牌戲。

麻將是一種四個人才能玩的遊戲,所有又有「四健會」的雅稱。遊戲開始時,由一名玩家起莊。莊家的意義在於他一開始可以拿十四(或十七)張牌,其他玩者只能取十三(或十六)張牌。莊家如果胡牌,則下一把可繼續連莊,否則即由莊家的下家做莊。牌局通常在四位玩家輪流做過四次莊後結束,此時稱為一圈。而麻將遊戲的目的在於將手中的十四(或十七)張牌湊成四組(或五組)順子或刻子,再加上一對將牌。每一個順子或刻子都由三張牌組成,將牌則由兩張相同的牌組成。所謂的順子,是由三張連續的數字所組成,例如三萬、四萬及五萬,而所謂的刻子則是由三張同樣的牌所組成。

圖2-9·順子(四餅、五餅及六餅。七萬、八萬及九萬。刻子:五索及西風)

以十三張麻將為例,四人中最先將手中的牌湊成四副順子或刻子及一對將者獲勝,其他三人必須依牌的大小給予勝者不等的金錢(以台數計算)。

圖2-10·實例:一副可以胡的牌,以一對八萬為將牌

　　遊戲在一開始，只有莊家可得到十四張牌，其餘的人十三張。莊家從牌中選出一張最無用的牌丟出，此時其他三家都有權力要那張丟出的牌。莊家的下家（右手邊的玩者），有權力吃或碰那張牌，其他兩家則只可碰那張牌。所謂的吃，是指如果您想湊一副順子，而已經有了其中兩張。舉例說明，如果您已經有了四萬和五萬，而您的上家剛好打出三萬，您就可以喊吃，將三萬據為己有。而所謂的碰，是指如果您想湊刻子，手上已經有了兩張。舉例說明，如果您已經有了兩張九筒，此時任何人打九筒，您都可以喊碰。如果同時有人喊吃跟碰，由碰者優先。任何吃或碰的人，都必須將吃或碰過的牌攤開，並不可再做任何變更。如果某人打出一張牌，沒有任何人叫吃或碰，則下家則可由中間暗牌處取回一張牌，稱之為摸牌。當然，無論您是吃、碰或是摸牌，都必須在行動後打出一張牌，以維持手中的牌為十三張。當您將您手中的牌都湊成了有用的牌，只需再加上第十四張便可胡牌，您就可以進入聽牌的階段。舉例來說，您已經湊滿了四副順子及一張東風，此時任何人打東風，或是您自己摸到東風，您都可以宣布胡牌。當然，您可以同時聽很多張牌，以求增加胡牌的機會。例如，湊了以下這副牌，您就可以同時聽一萬、二萬及四萬三張牌。

圖2-11・同時聽一萬、二萬及四萬的麻將牌

　　台灣十六張麻將麻將原稱「麻雀」，民國初年由大陸傳入台灣，慢慢地從廣東的十三張玩法演變成台灣的十六張玩法。台灣麻將在規

則、佈局及台數計算方面,已經獨樹一格,與廣東麻雀略為不同。台灣麻將與廣東麻將最大的不同,在於台灣麻將的胡牌必須湊滿五副順子或刻子及一副將,加起來剛好十七張。另外,台灣麻將必須用到梅蘭竹菊及春夏秋冬八張花牌,並有其特殊之計算方法。

台灣麻將在開始時,以莊家為東風,莊家的右手邊圍南風,對門為西風,左手邊為北風。這個劃分在此種麻將中非常重要,主要是在在算台(番)數時的依據。起手時,莊家可拿十七張牌,其他三家十六張,由莊家起打。胡牌時必須有手中的十六張牌加上一張所聽的牌。

本例題利用灰色整體性關聯渡,實際以四人打 12 圈麻將所得到的數值為例證,計算出模擬值以做驗證,並提出影響麻將輸贏的因子,以供初學者參考之用。

1. 實際分析

在灰色理論的分析中,最重要的是要找出關鍵因子,在本文中由某大學某系四名學生實際打麻將的過程分別以個別牌技、運氣加以討論。而參與本次實際研究之人員以(1) A 君,(2) B 君,(3) C 君,(4) D 君表示。然後在四個人打牌過程當中(打三將 12 圈)實際記錄之。而因子部份則先取五大評比因子:

(1) 每將牌自摸率:進牌率高相對自摸率提升。

(2) 每將牌放槍率:時機不佳或牌技差放槍率增加。

(3) 每將牌和牌率(東南西北風):須看莊家所打風牌的機率。

(4) 每將牌花牌率:每次洗牌所拿到的機率。

(5) 每將牌槓牌率:由玩家槓牌增多相對機率。

而評比的標準分為五大項,每個項目總分為 100%,整體評比

滿分為 100%，% 數愈高，表示該名同學運氣及技巧較佳。最後再將以上所得之數據，以灰關聯分析中的整體性灰色關聯度模型度為數學方法分析處理，排出影響因子的序。

2. 實際測試

由(1) A 君，(2) B 君，(3) C 君，(4) D 君四名同學打三將（12 圈：廣東麻將）牌的結果如表 2-26 至表 2-28 所示。中的連莊是將每將牌中基本莊家數再加上連莊次數而得，基本籌碼為各家均為 1,000 元，基本底為 50 元，每一台以 20 元計算。

表2-26・第一將 A 君連莊 9，B 君連莊 6，C 君連莊 6，D 君連莊 4（基本 16+ 連莊 10 = 25 次）

麻將大賽選手	每將牌自摸率	每將牌放槍率	每將牌和牌率東南西北風	每將牌花牌率	每將牌槓牌率	輸贏籌碼多寡
A 君	4/25 16.0%	3/25 12.0%	1/25 4.0%	20/25 80.0%	2/25 8.0%	1630 +630
B 君	2/25 8.0%	4/25 16.0%	0/25 0.0%	16/25 64.0%	3/25 12.0%	840 −160
C 君	2/25 8.0%	4/25 16.0%	0/25 0.0%	23/25 92.0%	1/25 4.0%	860 −140
D 君	0/25 0.0%	5/25 20.0%	0/25 0.0%	18/25 72.0%	1/25 4.0%	670 −330

表2-27・第二將 A 君連莊 7，B 君連莊 10，C 君連莊 6，D 君連莊 5（基本 16+ 連莊 12 = 28 次）

麻將大賽選手	每將牌自摸率	每將牌放槍率	每將牌和牌率東南西北風	每將牌花牌率	每將牌槓牌率	輸贏籌碼多寡
A 君	5/28 17.8%	4/28 14.2%	0/28 0.0%	19/28 67.8%	2/28 7.1%	1500 / +500
B 君	3/28 10.7%	4/28 14.2%	0/28 0.0%	18/28 64.2%	3/28 10.7%	1270 / +270
C 君	2/28 7.1%	4/28 14.2%	0/28 0.0%	24/28 85.7%	3/28 10.7%	980 / −20
D 君	1/28 2.5%	5/28 17.8%	0/28 0.0%	26/28 92.8%	5/28 17.8%	350 / −650

表2-28・第三將 A 君連莊 7，B 君連莊 7，C 君連莊 6，D 君連莊 11（基本 16+ 連莊 15 = 31 次）

麻將大賽選手	每將牌自摸率	每將牌放槍率	每將牌和牌率東南西北風	每將牌花牌率	每將牌槓牌率	輸贏籌碼多寡
A 君	1/31 2.2%	4/31 12.0%	0/31 0.0%	26/31 82.8	6/31 19.3%	580 / −420
B 君	4/31 12.9%	5/31 16.1%	0/31 0.0%	24/31 77.4%	2/31 6.4%	1310 / +310
C 君	2/31 6.4%	5/31 16.1%	1/31 2.2%	27/31 87.0%	3/31 9.6%	660 / −340
D 君	6/31 19.3%	2/31 6.4%	1/31 2.2%	25/31 80.6%	6/31 19.3%	1450 / +450

經由表 2-26 至表 2-28 的結果分析，我們發現平均和牌率（東南西北風）對整個牌局而言的影響並不大，因此取五個因子做分析，如表 2-29 所示。

表2-29・三將機率總結

麻將大賽選手	平均自摸率	平均放槍率	平均花牌率	平均槓牌率	輸贏籌碼多賽總結
A君	37.0%/3 12.33%	38.2%/3 12.73%	221.6%/3 72.86%	34.4%/3 11.46%	+710
B君	31.6%/3 10.53%	46.3%/3 15.43%	205.6%/3 68.53%	29.1%/3 9.70%	+420
C君	21.5%/3 7.16%	46.3%/3 15.43%	264.7%/3 88.23%	24.3%/3 8.10%	−500
D君	22.8%/3 7.60%	44.2%/3 14.73%	245.4%/3 81.80%	41.1%/3 12.70%	−630

3. 數學分析

在本文中利用整體性灰色關聯度做數學分析，步驟如下所述：

(1) 選取序列：

x_1：平均自摸率；x_2：平均放槍率；x_3：平均花牌率；x_4：平均槓牌率。

(2) 建立原始序列：

$x_1 = (37.0, 31.6, 21.5, 22.8)$，$x_2 = (38.2, 46.3, 46.3, 44.2)$

$x_3 = (221.6, 205.6, 264.7, 245.4)$，$x_4 = (34.4, 29.1, 24.3, 41.1)$

(3) 代入各個灰關聯度公式求出結果，如表 2-30 所示。

表2-30・結果分析總結

數學方式及因子	平均自摸率	平均放槍率	平均花牌率	平均槓牌率
吳漢雄	0.5341	0.5282	0.3846	0.5365
溫坤禮	0.5352	0.5277	0.3820	0.5377
夏郭賢	0.5724	0.5263	0.1570	0.5758
永井正武	0.5771	0.5732	0.0305	0.5810

在本例題中經由利用整體性灰色關聯度結合麻將的研究中，可以發覺有幾項特點：

1. 平均槓牌率雖然比平均自摸率大，但是兩者為同一類。

2. 如果以聚類的觀點而言，平均槓牌率、平均自摸率和平均放槍率為同一類，而平均花牌率則為第二類，這些特性表示當牌局自摸率越高者，相對性能夠贏得牌局的勝算越大，而且在牌局中槓牌多，對牌局的輸贏相對的也增加。

3. 在牌局中所摸的花牌多時，並不一定就代表對此牌局的助力與否。

以上的結果和目前的實際情形是相當吻合的，因此我們可以發覺進行中的每一次牌局，沒有一定的勝負以及輸贏。就像前言所提到的，一百四十四張所分配出來的牌局，幾乎沒有一把是相同的。更何況玩家各有各的打法和牌法，所以要拿到相同的牌形，幾乎為零。況且，每位玩家擲骰子跟所坐的風位都會影響到每副牌局，還有玩家們當時的運氣，可以左右每副牌局，由結果可以很明確的看出，輸贏牌的機率是幾乎相差無幾。所以要贏牌就要看各個玩家本身的技巧（槓牌）和當時的運氣（自摸）了。

第 3 章

灰色 GM 模型

3.1 灰色 GM(1, 1) 基本模型

灰色預測是以 GM(1, 1) 基本模型為基礎對現有數據所進行的預測方法，實際上則是找出某一數列中間各個元素之未來動態狀況，主要的優點為所需的數據不用太多及數學基礎相當簡單。

3.1.1 基本數學模型

1. GM(1, 1) 模型的定義

   由灰色系統理論的定義，GM(1, 1) 模型的灰微分方程式為

$$\frac{dx^{(1)}}{dt} + ax^{(1)} = b \qquad\qquad (3\text{-}1)$$

其中：

   i. a 及 b 為係數。

   ii. $x^{(1)} = AGO\,(x^{(0)}) = \left(\sum_{k=1}^{1} x^{(0)}(k), \sum_{k=1}^{2} x^{(0)}(k), \cdots, \sum_{k=1}^{n} x^{(0)}(k) \right)$ 。

根據 GM 模型的推導

(1) $\frac{dx^{(1)}}{dt}$ 可以轉化成前後項的差，$\frac{dx^{(1)}}{dt} \to x^{(1)}(k+1) - x^{(1)}(k)$

(2) 而經由逆累加運算（IAGO），得知 $x^{(1)}(k+1) - x^{(1)}(k) = x^{(0)}(k+1)$。

(3) 再由背景值 $x_1^{(1)}(t)$ 的定義，$x^{(1)}(k) \to 0.5x^{(1)}(k) + 0.5x^{(1)}(k-1) = z^{(1)}(k)$

綜合上述，可以得到 GM(1, 1) 模型的灰差分方程式為

$$x^{(0)}(k) + az^{(1)}(k) = b \qquad （3-2）$$

亦即具有一個變數及一階變量的灰色模型即稱為 GM(1, 1) 模型。而（3-1）式稱為源模型，從數學觀點而言是利用序列建立近似的微分方程。

2. GM(1, 1) 影子模型

由前述得知 GM(1, 1) 源模型為：

$$x^{(0)}(k) + az^{(1)}(k) = b \qquad （3-3）$$

（3-1）式雖然近似滿足微分方程構成條件，但畢竟不是真正的微分方程，不能對一個時間歷程作連續的分析與預測。換言之，不能將它當作真正的微分方程式使用。因此在灰色預測中我們經常以一般微分方程 $\frac{dx^{(1)}}{dt} + ax^{(1)} = b$ 取代了預測的 GM(1, 1) 源模型 $x^{(0)}(k) + az^{(1)}(k) = b$。由於這種取代不是用數學手段溝通的，並沒有數學的推導過程，而是一種白化的手段，所以我們稱 $\frac{dx^{(1)}}{dt} + ax^{(1)} = b$ 為 GM(1, 1) 源模型的白化方程模型或者影子（shadow）方程。

3. GM(1, 1) 模型的白化響應式

在 G(1, 1) 方程式 $\frac{dx^{(1)}}{dt} + ax^{(1)} = b$ 中，$x^{(1)}$ 的初始值 $x^{(0)}(1) =$

$x^{(1)}(1)$，由一般常微分方程求解方法，可以得到離散化的 $x^{(1)}$ 響應式為：

$$\hat{x}(k+1) = \left(x^{(0)}(1) - \frac{b}{a}\right)e^{-ak} + \frac{b}{a} \qquad （3-4）$$

其中：i. $x^{(0)} = (x^{(0)}(1), x^{(0)}(2), x^{(0)}(3), \cdots, x^{(0)}(k))$

ii. $x^{(1)} = (x^{(1)}(1), x^{(1)}(2), x^{(1)}(3), \cdots, x^{(1)}(k))$

iii. $\hat{x}^{(0)}(k+1) = \hat{x}^{(1)}(k+1) - \hat{x}^{(1)}((k)$

將（3-4）式化簡成

$$\hat{x}^{(1)}(k+1) = (x^{(0)}(1))e^{-ak} + \frac{b}{a}(1 - e^{-ak}) \qquad （3-5）$$

$$\hat{x}^{(0)}(k+1) = (1 - e^{a})\left(x^{(0)}(1) - \frac{b}{a}\right)e^{-ak} \qquad （3-6）$$

對於當 $k+1$ 時，則稱為預測值。

4. GM(1, 1) 參數的求法

對於 GM(1, 1) 模型而言，首先計算 GM(1, 1) 參數 a, b 的大小。對於參數 a, b 的計算，使用最小平方法（least square）及參數法（parameter）兩種方式，本書只介紹最小平方法。

由 $x^{(0)}(k) + az^{(1)}(k) = b$ 之中，代入各個數值

$$x^{(0)}(2) = -az^{(1)}(2) + b$$

$$x^{(0)}(3) = -az^{(1)}(3) + b$$

$$x^{(0)}(4) = -az^{(1)}(4) + b \qquad （3-7）$$

$$\cdots\cdots\cdots\cdots\cdots\cdots$$

$$x^{(0)}(n) = -az^{(1)}(n) + b$$

轉換成矩陣的方式 $Y = B\hat{a}$，而 a, b 的數值可以由 $\hat{a} = (B^TB)^{-1}B^TY$ 求出。

$$\text{其中：} Y = \begin{bmatrix} x^{(0)}(2) \\ x^{(0)}(3) \\ x^{(0)}(4) \\ \cdots \\ x^{(0)}(n) \end{bmatrix} \quad B = \begin{bmatrix} -z^{(1)}(2) & 1 \\ -z^{(1)}(3) & 1 \\ -z^{(1)}(4) & 1 \\ \cdots \\ -z^{(1)}(n) & 1 \end{bmatrix} \quad \hat{a} = \begin{bmatrix} a \\ b \end{bmatrix}$$

3.1.2 台灣地區豬肉價格之灰色預測

毛豬是臺灣最重要的畜產，其產值最大、飼養人數最多、地區分佈最廣。養豬在臺灣也是與農耕密不可分的產業，過去凡是有耕作的地方，就有養豬的人家，此乃因農家可用農場的副產品，如甘藷蔓、甘藷葉以及三餐殘餚為飼料飼養，不必花太多的現金投入，一旦養到成豬可上市時，便可獲得整筆的現金收入，所以有「儲蓄性養豬」之美稱。此外，養豬對傳統農作物生產，也有其不可磨滅的貢獻，因飼養豬隻所排放的糞尿，可做為有機肥料利用，此在化學肥料昂貴的時代，是改良土壤及維持地力的最有效辦法，使農業得以永續經營。

所謂的毛豬價格是指可上市屠宰之成豬價格而言。近幾年來毛豬價格相當平穩，就 1999 年至 2007 年生鮮豬肉零售參考價格而言，如表 3-1 所示，本題以此為例做 GM(1, 1) 的預測。

表3-1‧台灣生鮮豬肉零售參考價格（單位：元）

年／肉類別	里肌肉（上價）	里肌肉（下價）	五花肉（上價）	五花肉（下價）	後腿肉（上價）	後腿肉（下價）
1999	109.9788	96.75847	86.18644	72.07627	84.89407	69.89407
2000	107.8832	95	79.63504	67.86496	78.57664	63.57664
2001	105.0971	95	76.82039	65.02427	76.31068	61.31068
2002	107.4769	95	79.35185	67.33796	77.59259	62.59259
2003	109.3933	95	82.82427	69.43515	81.06695	66.06695
2004	110	95.47893	85.44061	70.74713	83.44828	68.44828
2005	110	95	82.72959	70.02551	81.47959	66.47959
2006	109.1336	94.31408	80.97473	69.24188	79.15162	64.20578
2007	109.7028	95	82.15035	69.52797	80.75175	65.75175

做法：本題主要選擇五花肉（上價）零售價格（2000 年至 2005 年六筆數據）做預測，預測第七筆及第八筆數值（2006 年及 2007 年）做誤差分析，預測數值為：

1. 原始序列：

   $x^{(0)}$ = (79.63504, 76.82039, 79.35185, 82.82427, 85.44061, 82.72959)

2. AGO 生成為：

   $x^{(1)}$ = (79.6350, 156.4554, 235.8073, 318.6316, 404.0722, 486.8018)

3. 均值生成：

   $z^{(1)}$ = (---, 118.0452, 196.1314, 277.2194, 361.3519, 445.4370)

4. 建構 Y 矩陣為：$Y = \begin{bmatrix} 76.82037 \\ 79.35185 \\ 82.82427 \\ 85.44061 \\ 82.72959 \end{bmatrix}$

5. 建構 B 矩陣為：$B = \begin{bmatrix} -118.0452 & 1 \\ -196.1314 & 1 \\ -277.2194 & 1 \\ -361.3519 & 1 \\ -445.4370 & 1 \end{bmatrix}$

6. 解出模型精度：利用 $\hat{a} = (B^T B)^{-1} B^T Y$ 公式求出

    $a = -0.02168132440682$, $b = 75.3704422890579$

7. 建構方程式

    $$\hat{x}^{(0)}(k+1) = (1 - e^{0.0216813244\,0682}) \left(79.6350 - \frac{75.3740022890\,579}{0.0216813244\,0682} \right)$$

    $e^{0.0216813244\,0682\,k}$ $k = 1, 2, 3, \cdots, 7$

8. 計算各個之數值

表3-2・豬肉之價格分析計算結果（單位：元／公斤）

年 別	2000	2001	2002	2003	2004	2005	2006	2007
零售價格	79.63504	76.82039	79.35185	82.82427	85.44061	82.72959	80.97473	82.15035
預測值	79.6350	77.9389	79.6472	81.3929	83.1768	84.9999	86.8630	88.7668

9. 計算誤差

    利用 GM(1, 1)模型的誤差定義：$e(k) = \left| \dfrac{x^{(0)}(k) - \hat{x}^{(0)}(k)}{x^{(0)}(k)} \right| \times 100\%$

    求出誤差

表3-3・豬肉之價格分析結果誤差表（%）

年 別	2000	2001	2002	2003	2004	2005	2006	2007
誤差值	0	1.4560	0.3722	1.7282	2.6495	2.7443	-----	-----

10. 計算平均殘差：(0 + 1.4560 + 0.3722 + 1.7282 + 2.6495 + 2.7443)/6 = 1.4917，因此 2007 年及 2008 年豬肉之價格計算誤差為 1.4917%。

11. 對本題而言，整體誤差雖然只有 1.4917%，但是在 2007 年及 2008 年的實際值誤差是相當的大，因此本題只是 GM(1, 1) 預測模型的暖身。

3.1.3 臺灣地區花卉的生產面積與產量之灰色預測

台灣於西元 2002 年起正式成為 WTO 的會員，由於農產品市場開放，對農、牧及水產之衝擊在所難免。近年來花卉產銷，年面積約在 11,600 公頃，產值 108 億台幣左右，外銷市場以日本為主，韓國為次，兩國合計佔台灣外銷花卉之 70～80%。當前台灣花卉產業蝴蝶蘭、文心蘭、其他蘭類之種苗和一些花卉作物，都被評估為具外銷市場發展潛力的產品項目。台灣大約有 847,000 公頃的農業用地，其中花卉生產幾乎佔了四分之一（11,603 公頃），而蘭花生產則有 461 公頃。蘭花生產的面積雖然只佔全部花卉生產面積的 4%，但產值卻達總花卉生產產值的 23%。以 2002 年為例，總花卉產值將近新台幣 110 億元，而蘭花的產值佔了 22.6%，也就是新台幣 24 億元，因此本例題主要預測花卉中蘭花的產量。自 1997 年至 2005 年的各種花卉產量，如表 3-4 及表 3-5 所示。

表3-4・台灣的花卉產量（單位：打）				
產品／年度	1997	1998	1999	2000	2001
生產面積	5,314.36	5,207.18	5,449.87	5,572.07	5,236.91
菊花	41,885,289	38,215,579	39,973,104	36,890,705	32,008,699
唐菖蒲	12,578,018	8,893,841	14,632,899	11,931,855	12,120,649
洋吉梗	1,942,690	1,413,890	1,464,890	2,835,415	1,844,460
香石竹	6,046,370	5,923,760	4,861,281	6,617,760	4,011,170
夜來香	1,678,005	2,511,981	2,180,598	1,713,718	1,948,820
大理花	3,170,759	3,991,801	3,449,041	4,115,669	3,120,184
百合	10,457,104	8,956,732	5,224,152	7,760,210	7,841,277
其他切花	12,604,198	11,470,088	13,270,551	12,486,556	12,302,707
玫瑰	11,324,237	14,802,024	13,923,238	14,308,072	13,475,627
非洲菊	10,539,513	8,189,735	6,871,840	5,645,200	5,820,880
天堂鳥	1,358,900	583,586	614,461	726,153	769,159
文心蘭	2,014,341	3,542,547	3,849,073	4,285,195	4,230,005
滿天星	655,224	699,640	583,840	688,545	783,954
火鶴花	2,686,722	2,861,268	3,235,241	3,078,941	2,805,608
其他	5,727,451	6,380,127	9,911,431	7,343,683	8,090,727
蘭花（盆）	314,396,480	115,717,127	39,357,364	46,232,426	51,821,657
產量合計	124,668,821	118,436,599	124,045,640	120,427,677	111,173,926

表3-5・台灣的花卉產量－續（單位：打）

產品／年度	2002	2003	2004	2005
生產面積	5,614.59	5,109.54	5,105.42	4,679.04
菊花	31,680,175	26,730,698	26,367,724	21,862,507
唐菖蒲	10,110,352	9,344,115	9,397,370	6,980,206
洋吉梗	1,996,970	1,332,625	2,376,910	1,552,515
香石竹	4,748,132	5,281,200	4,482,260	4,089,002
夜來香	2,608,363	2,826,608	2,265,756	2,003,966
大理花	3,354,746	3,901,472	4,180,149	3,630,472
百合	6,987,715	7,366,042	6,711,203	6,062,288
其他切花	17,000,989	16,058,672	16,322,267	11,414,103
玫瑰	13,625,469	13,994,131	14,552,284	14,253,379
非洲菊	6,494,886	5,914,382	5,767,490	5,434,789
天堂鳥	674,634	605,761	517,340	456,361
文心蘭	4,358,649	4,198,994	4,618,767	4,113,246
滿天星	718,866	537,017	450,663	237,015
火鶴花	3,083,747	3,332,835	3,066,870	2,971,015
其他	8,798,453	7,835,911	8,051,897	8,048,932
蘭花（盆）	48,873,374	48,875,136	49,225,660	42,831,777
產量合計	116,242,146	109,260,463	109,128,950	93,109,796

　　本例題選擇其中三項為本文分析之項目，利用四筆數據做 GM(1.1) 模型預測第五筆數據（2006 年）的產量預測值，重組後之數據如表 3-6 所示。

表3-6．重組後之數據（單位：打）				
產品／年度	1998	2000	2002	2004
產量面積合計（公頃）	5,207.18	5,572.07	5,614.59	5,105.42
產量合計（不計蘭花）	118,436,599	120,427,677	116,242,146	109,128,950
蘭花（盆）	115,717,127	46,232,426	48,873,374	49,225,660

做法：

以產量面積為 x_1，產量合計（不計蘭花）為 x_2，蘭花為 x_3，同時分析三種。

1. 原始序列：$x_1^{(0)}$ = (5207.18, 5572.07, 5614.59, 5105.42)

   $x_2^{(0)}$ = (118436599, 120427677, 116242146, 109128950)

   $x_3^{(0)}$ = (115717127, 46232426, 48873374, 49225660)

2. AGO 生成：$x_1^{(1)}$ = (5207.18, 10799.25, 16393.84, 21499.26)

   $x_2^{(1)}$ = (1188439599, 238864276, 355106422, 464235372)

   $x_3^{(1)}$ = (115717127, 161949553, 210822927, 260048587)

3. 利用方程式的 $\hat{a} = (B^T B)^{-1} B^T Y$ 公式求出各個 a, b 之值

   產量面積：a = 0.04223943691553, b = 600129.617155472

   產量合計：a = 0.04879488035134, b = 129665735.565207

   蘭花：a = −0.03086026743115, b = 42343162.1211586

4. 建構 GM(1, 1) 方程式的解，經整理後，得到表 3-11 之結果。

表3-7・預測之結果

年　　度	生產面積		不計蘭花		蘭　花	
	真實值	預測值	真實值	預測值	真實值（盆）	預測值（盆）
1998	5,207.18	5,207.18	118,436,599	118,436,599	115,717,127	115,717,127
2000	5,572.07	5,660.9486	120,427,677	120,912,686.3	46,232,426	46,630,030.57
2002	5,614.59	5,426.8129	116,242,146	115,154,396.3	48,873,374	48,091,480.17
2004	5,105.42	5,202.3612	109,128,950	109,670,336.4	49,225,660	49,598,733.61
2006		4,987.1926		104,447,446.8		51,153,226.46

5. 誤差分析

利用誤差公式 $e\,(k)=\left|\dfrac{x^{(0)}(k)-\hat{x}^{(0)}(k)}{x^{(0)}(k)}\right|\times100\%$，得到如表 3-12 之

結果。

表3-8・誤差值（%）

產品／年度	生產面積	不計蘭花	蘭　花
1998	0	0	0
2000	1.5951	0.4027	0.8600
2002	3.3445	0.9358	1.5998
2004	1.8988	0.4961	0.7579
2006	--------	---------	--------
平均誤差	2.2795	0.6115	1.0726

　　本題以灰色 GM(1, 1) 預測 2006 年蘭花的產量，結果顯示 2000 年至 2004 年的平均誤差值在 3% 以下，做為 2006 年產量數據的參考，可以說是相當準確了。

3.1.4 臺灣地區黑鮪魚產量之灰色預測

　　臺灣於近十年來開始運用太平洋黑鮪魚資源，目前已成為沿近海漁業中不可或缺重要的漁源之一。然而，傳奇黑鮪魚在全球性鮪魚數量減少下，早已顯露生態警訊。面對人類大量捕捉，黑鮪是否依舊能悠游大海？還是走向黃昏？將成為待解難題。近年來黑鮪魚捕捉量及銷售數字均為倍數成長，但後續的發展仍屬未知。本例題主要目的是利用近幾年來的黑鮪魚之補捉量進行 GM(1, 1) 模型年度漁獲量之預測，預測未來黑鮪魚產量是否有如以往呈現倍數成長或是下降。

　　首先說明的黑鮪魚經濟價值部位，一尾黑鮪魚依部位及口感可以分四個等級，如表 3-9 所示。

表3-9・黑鮪魚經濟價值部位分析（*級數越大價位越平價）	
第一級	腹節前腹部（Toro）又稱「大腹」、「上腹」、「肚頭」，油脂成雪花般分部於肉間。
第二級	腹節中腹部（Chu-Toro）又稱「中腹」、「中脂」，肉色比「上腹」略深一點。
第三級	腹節後腹部（Kawa-no-abura）又稱「皮油」。魚尾靠魚腹處之三角肉，肉色帶油不呈紅色，油脂與中腹略同，為稍帶筋。但仍是生魚片中的上好材料。
第四級	背節部（Akami）又稱「背肉」，「赤身」，魚背肉，色呈豔紅，為油脂較少部位，但嚼感好且十分甜美，吃再多也不怕胖。

　　而黑鮪魚近八年來的捕捉量及產值雖是呈現大幅成長之狀態（如表 3-10 所示），但是在人類的大量捕捉下是否會大幅下降呢？。在過去的研究中雖然有農委會漁業署出版品漁業推廣、南方黑鮪概述及

灰色理論

研究概況、鮪旗魚類的資源現況及國際保育通訊季刊，卻並無此一方面預測的研究，因此本書提出此一例題做為說明。

表3-10・太平洋黑鮪近年捕捉量及產值

年　份	1993 年	1999 年
產值	約 41,474,000 元	約 531,414,000 元
補捉量	129 公噸	2347 公噸
地區	屏東東港	屏東東港

做法：

本題以 1998 至 2005 年黑鮪魚捕獲量為預測序列，如表3-11所示，再使用 GM(1.1) 模型預測。

表3-11・黑鮪魚歷年產量

年　度	1998	1999	2000	2001	2002	2003	2004	2005
產量（公噸）	3805	2347	4847	4136	3282	3526	3063	2585

1. 原始序列：$x^{(0)} = (4787, 4136, 3282, 3526, 3603, 2585)$
2. AGO 生成

   $x^{(1)} = (4787, 8923, 12205, 15731, 19334, 21919)$

   $z^{(1)} = (6855, 10564, 13968, 17532.5, 20626.5)$
3. 利用方程式的 $\hat{a} = (B^T B)^{-1} B^T Y$ 公式求出各個 a, b 之值

   (1)四點建模：$a = 0.07993574127757$, $b = 4538.24221257799$

   (2)五點建模：$a = 0.05739516534845$, $b = 3873.78942119187$

   (3)六點建模：$a = 0.07993574127757$, $b = 4538.24221257799$

4. 建構 GM(1, 1) 方程式的解,並且計算誤差。經整理後得到表 3-12 至表 3-14 之結果。

表3-12・四點預測後兩點數據,總體平均誤差為 5.768%

年　度	2000	2001	2002	2003	2004	2005	2006
真實值（公噸）	4787	4136	3282	3526	3063	2585	
預測值（公噸）	4787	3969.9	3635.8	3329.8	3049.6	2792.9	
誤差（%）	0	4.02	10.78	5.56	0.44	8.04	

表3-13・五點建模預測後兩點數據,總體平均誤差為 5.792%

年　度	2000	2001	2002	2003	2004	2005	2006
真實值（公噸）	4787	4136	3282	3526	3063	2585	
預測值（公噸）	4787	3967.4	3637.4	3335	3057.6	2803.4	2570.2
誤差（%）	0	4.08	10.83	5.42	0.18	8.45	

表3-14・六點建模預測後兩點數據,總體平均誤差為 5.498%

年　度	2000	2001	2002	2003	2004	2005	2006	2007
真實值 （公噸）	4787	4136	3282	3526	3063	2585		
預測值 （公噸）	4787	4010.4	3628.8	3283.6	2971.2	2688.5	2432.7	2201.2
誤差（%）	0	03.04	10.57	6.88	3.00	4.00		

　　漁業是海島型經濟的重要產業,五十年來台灣漁業發展成果斐然,但近年來國內外漁業環境急遽改變,世界各沿海國經濟海域漸形擴張,國際間漁業資源保育要求聲浪日高,加以責任制漁業之實施,公海自由捕魚日益嚴苛,日後積極參與國際漁業組織、履行責任

制漁業、維護公海作業權益日趨重要。本題以 GM(1, 1) 預測 2005 年及 2006 年黑鮪魚量並比對和結果呼應，經由四點建模預測誤差值為 5.768%，五點建模預測誤差值則為 5.792%，而使用六點建模預測誤差值也只有 5.498%，誤差值均在 6% 以內，結果相當的精確。但是只有得到整年度的數值，卻無法得到 2006 年官方之實際結果，是因為到目前為止，並無黑鮪魚年度漁獲量之預測的論文可供參考。

3.2　灰色費爾哈斯特（Verhulst）模型

灰色費爾哈斯特模型為針對 GM(1, 1) 模型的特性，在 GM(1, 1) 模型中加入了一個限制發展的項，以滿足實際的飽和情況。

3.2.1　基本數學模型

灰色費爾哈斯特預測模型的數學模式如方程式（3-8）所示。

$$\frac{dx^{(1)}}{dx} = ax^{(1)} - b\,(x^{(1)})^2 \tag{3-8}$$

以灰色理論差分方程式的方式表示，則成為

$$x^{(0)}(k) = az^{(1)}(k) - b(x^{(1)}(k))^2 \tag{3-9}$$

1. 如同 GM(1, 1) 模式的解法，將所有的數據代入方程式（3-9）
   中，可以得到

$$x^{(0)}(2) = az^{(1)}(2) - b(x^{(1)}(2))^2$$
$$x^{(0)}(3) = az^{(1)}(3) - b(x^{(1)}(3))^2$$
$$x^{(0)}(4) = az^{(1)}(4) - b(x^{(1)}(4))^2 \qquad （3\text{-}10）$$
$$\cdots\cdots\cdots\cdots\cdots\cdots\cdots\cdots\cdots\cdots\cdots\cdots$$
$$x^{(0)}(n) = az^{(1)}(n) - b(x^{(1)}(n))^2$$

2. 化簡方程式（3-10），使用矩陣 $\hat{a} = (B^T B)^{-1} B^T Y$，其中 $Y = B\hat{a}$，
   求出 a, b 的數值

$$Y = \begin{bmatrix} x^{(0)}(2) \\ x^{(0)}(3) \\ x^{(0)}(4) \\ \cdots \\ x^{(0)}(n) \end{bmatrix} \quad B = \begin{bmatrix} z^{(1)}(2) & -(x^{(1)}(2))^2 \\ z^{(1)}(3) & -(x^{(1)}(3))^2 \\ z^{(1)}(4) & -(x^{(1)}(4))^2 \\ \cdots & \\ z^{(1)}(n) & -(x^{(1)}(n))^2 \end{bmatrix} \quad \hat{a} = \begin{bmatrix} a \\ b \end{bmatrix} \qquad （3\text{-}11）$$

3. 將所求的 a, b 之值代入費爾哈斯特擬微分方程式的解答，預測
   的數值為：

$$\hat{x}^{(1)}(k) = \frac{\dfrac{a}{b}}{1 + \left(\dfrac{a}{b} \times \dfrac{1}{x^{(0)}(1)} - 1 \right) e^{a(k-1)}} \quad k \geq 2 \qquad （3\text{-}12）$$

4. 由 iAGO 的定義 $\hat{x}^{(0)}(k) = \hat{x}^{(1)}(k) - \hat{x}^{(1)}(k-1)$ 求出 $\hat{x}^{(0)}(k)$ 值。

   而由方程式（3-12）中得知，如果 $a < 0$，則 $\lim\limits_{k \to \infty} \hat{x}^{(1)}(k) \to \dfrac{a}{b}$，

亦即方程式（3-12）的飽和點為 $\dfrac{a}{b}$，此一數值為限制發展項所導致的極限值，亦即是預測值 $\hat{x}^{(0)}(k)$ 的飽和點。

3.2.2　實例分析：台閩地區二千三百萬人口之研究

二千三百萬人其實早已成為台灣民眾耳熟能詳的代名詞，多年來，台灣的政治人物也常將「二千三百萬人的民意」掛在口邊，讓國人誤以為台灣早就有二千三百萬人。其實台閩地區人口於一九八九年四月達二千萬人後，近年來因少子化現象導致人口成長趨緩。一九八九年至一九九九年的十年間，五年才增加一百萬人，直至一九九九年六月才達到二千二百萬人，而在九年後的今天才出現真正的第二千三百萬人。由於人口政策是先進國家政府的重要政策之一，而總人口數則是政府制定各項政策之主要參考依據，再加上人類生存的資源有限，如果成長過速或反其道而行，則將會對整體的生態平衡造成衝擊。本例題以灰色費爾哈斯預測模型方法試圖為台閩地區總人口數建立飽和式的分析模型，對人口數目進行建構與預測分析，並以臺閩地區人口到達兩千三百萬之飽和值做一實例分析，使資源做最有效之配置，做為擬訂政策之參考。

西元 2008 年 7 月 25 日自由時報頭版登出「第 2300 萬人誕生平鎮」，離上一次的「第二千萬人誕生」的 1989 年已經將近有 19 年之久，可知我國的人口不僅邁入了高齡化，並且到達了飽和的階段。本例題使用內政部內政統計資訊服務網，將 1974 年至 2007 年台閩地區歷年人口總數整理後如表 3-15 所示。

表3-15・1974 年至 2007 年台閩地區歷年人口總數			
年　別	人口總數	年　別	人口總數
1974	15,927,167	1992	20,802,622
1975	16,223,089	1993	20,995,416
1976	16,579,737	1994	21,177,874
1977	16,882,053	1995	21,357,431
1978	17,202,491	1996	21,525,433
1979	17,543,067	1997	21,742,815
1980	17,866,008	1998	21,928,591
1981	18,193,955	1999	22,092,387
1982	18,515,754	2000	22,276,672
1983	18,790,538	2001	22,405,568
1984	19,069,194	2002	22,520,776
1985	19,313,825	2003	22,604,550
1986	19,509,082	2004	22,689,122
1987	19,725,010	2005	22,770,383
1988	19,954,397	2006	22,876,527
1989	20,156,587	2007	22,958,360
1990	20,401,305	2008	23,036,576
1991	20,605,831		

　　仔細觀察會發現自民國 2000 年至 2007 年的人口呈現飽和狀態
（自然增加人口數變動不大），如表 3-16 所示。因此以 2000 年至
2007 年的六年為分析對象，經由表 3-16 的數值特性中可以利用費爾
哈斯的方式求出人口的飽和點，做法如下所述。

圖3-1‧西元 2008 年 7 月 25 日自由時報頭版（轉載自自由時報）

表3-16‧1999 年至 2007 年台閩地區歷年人口總數及自然增加人口數		
年　別	年終人口總數	自然增加人口數
2000	22,276,672	----------
2001	22,405,568	128,896
2002	22,520,776	115,208
2003	22,604,550	83,774
2004	22,689,122	84,572
2005	22,770,383	81,261
2006	22,876,527	106,144
2007	22,958,360	81,833

1. 建立基本序列

　　2000 年至 2007 年台閩地區歷年人口總數為本題研究之序列，
為了計算方便，以前後兩年的人口增加數做為分析的數據，得
到：

表3-17．前後兩年的人口增加數	
年　別	前後兩年的人口增加數
2000～2001	128,896
2001～2002	115,208
2002～2003	83,774
2003～2004	84,572
2004～2005	81,261
2005～2006	106,144
2006～2007	81,833

所以 $x^{(0)} = \{128896, 115208, 83774, 84572, 81261, 106144, 81833\}$

2. 建立 AGO 序列

$x^{(1)} = \{128896, 244104, 327878, 412450, 493711, 599588, 681688\}$

3. 建立均值生成序列

$z^{(1)} = \{------, 285991, 370164, 453080.5, 546783, 640771.5\}$

4. 利用最小平方法求出 a 和 b 的數值

5. 將 a 和 b 之值代入費爾哈斯擬微分方程式的解答之中，求出預
測模式為

$$\hat{x}^{(1)}(k) = \frac{\dfrac{a}{b}}{1 + \left(\dfrac{a}{b} \times \dfrac{1}{x^{(1)}(1)} - 1\right)e^{a(k-1)}}$$

$$= \frac{78216}{1 - 0.3931825061\,950580\, e^{0.4865714540\,9783(k-1)}}$$

6. 利用 $\lim\limits_{k \to \infty} \hat{x}^{(1)}(k) \to \dfrac{a}{b}$，得到預測值 $\hat{x}^{(0)}(k)$ 的飽和點為 78216。根
據計算的結果，可以得知台閩地區人口增加值的飽和點，2007

年至 2008 年的增加值為 78216 人，亦即 2008 年的人口飽和值
為：22,958,360 + 78,216 = 23,036,576 人。

7. 預測滿足 23,000,000 之日期

2007 年人口總數為 22,958,360，依據費爾哈斯特公式所求出的
飽和值 78,216 為 2008 年總人口預測增加值。為了更加明確了
解實際達到 23,000,000 人的正確日期，對 2008 年哪一個月人口
會突破 23,000,000 人，使用 GM(1, 1) 模型做預測。

表3-18・2008 年一月至九月台閩地區人口總數及自然增加人口數之實際值

月　別	月終人口總數	自然增加人口數
一月	22,966,459	----------
二月	22,973,622	7,163
三月	22,978,800	5,178
四月	22,983,286	4,486
五月	22,988,428	5,142
六月	22,994,262	5,834
七月	23,000,827	已達 23,000,000
八月	23,005,067	已達 23,000,000
九月	23,007,737	已達 23,000,000

做法：取一月至五月之差值為序列分析

1. 原始序列：$x^{(0)} = (7163, 5178, 4486, 5142)$

2. AGO 生成：$x^{(1)} = (7163, 12341, 16827, 21969)$

3. 均值生成 $z^{(1)} = (---, 9752, 14584, 19398)$

4. 利用方程式的 $\hat{a} = (B^T B)^{-1} B^T Y$ 公式求出 a 和 b 之值

   $a = 0.00381903789272$, $b = 4991.00726773338$

5. 解出 6 月之增加值為 4897.7486，加上 5 月之總數值為

   22,988,428 + 4,898 = 22,993,326 人，未達 23,000,000 人。

   因此，取一月至六月之差值為序列分析。

1. 原始序列：$x^{(0)} = $ (7163, 5178, 4486, 5142, 5834)

2. AGO 生成：$x^{(1)} = $ (7163, 12341, 16827, 21969, 27803)

3. 均值生成 $z^{(1)} = $ (----, 9752, 14584, 19398, 24886)

4. 利用方程式的 $\hat{a} = (B^T B)^{-1} B^T Y$ 公式求出 a 和 b 之值

   $a = -0.05363848312697$, $b = 4239.8318219568$

5. 解出 7 月之增加值為 5887.0955，加上 6 月之總數值為

   22,994,262 + 5,887 = 23,000,149 人，超過 23,000,000 人。

   此時利用傳統的統計學方法計算預測的日期。

   (1) 預測 2008 年 7 月人口 − 2008 年 7 月人口 = 當月人口增加數

   23,000,149 − 22,993,326 = 6,823 人。

   (2) 當月人口增加數／天數為：6823/31 = 220.0967

   亦即每日增加 220 人，因此得到 7 月的第 30 天為

   23,000,000 人的到達日期，換算成 7 月 30 日。根據計算的

   結果，可以大膽預測第 23,000,000 人口將在 2008 年 7 月 30

   日產生（實際時間為 2008 年 7 月 17 日）。

6. 本題之結果誤差為 13 日，雖然是相當良好，但請讀者將其當做

   是研究的範例。

第 *4* 章

灰色理論於權重之分析

　　權重（weighting）在統計學上的意義是「在系統中某一因子出現的分佈頻率」，通常是做系統分析之比例使用。因此本章利用熵（entropy）及多變量 GM(h, N) 模型的觀念，探討灰色理論於權重之分析。

4.1　灰色熵之介紹

　　在我們日常生活中，似乎經常存在看似「不確定性」的問題。比方說，天氣預報員常說「明天下雨的可能性是 70%」。這是我們習以為常的「不確定性」問題的一個例子。一般不確定性問題所包含「不確定」（uncertainty）的程度可以用數學定量加以描述嗎？答案是在多數的情況下是可以的。本世紀 40 年代末，由於資訊理論（information theory）的需要而首次出現的仙農熵（Shannon），50 年代末以解決遍歷理論（ergodic theory）經典問題而嶄露頭角的 Kolmogorov熵，以及 60 年代中期，為研究拓樸動力系統（topological dynamical system）而產生的拓樸熵（topological entropy）等概念，都是關於不確定性的數學度量。它們在現代動力系統和遍歷理論中，扮演看十分重要的角色。在自然科學和社會科學中的應用也日趨廣泛。因此本書首先利用熵的觀念，分析系統中各個因子的相對權重。

4.1.1 基本數學模型

在全集合中存在一有限集合「$\hat{A}$」，並且存在映射之關係
$f_i : [0, 1] \rightarrow [0, 1]$，$i = 1, 2, 3, \cdots, n$。此一關係滿足下列三個條件

(1) $f_i(0) = 0$

(2) $f_i(x) = f_i(1 - x)$

(3) $f_i(x)$ 於 $x \in (0, 0.5)$ 之間為單調遞增函數，可以得到

$$d(A) = g\left[\sum_{i=1}^{n} c_i f_i(\hat{A}(u_i))\right] \qquad (4\text{-}1)$$

其中：

　　(1) $g(x)$ 於 $[0, 1]$ 之間為單調遞增函數 $[0, a] \rightarrow [0, 1]$。

　　(2) $c_i \in R$ 並且

$$a = \sum_{i=1}^{m} c_i f_i(0.5) \qquad (4\text{-}2)$$

則稱 $d(A)$ 為集合 $\hat{A}$ 中的熵。

本書根據熵的定義，重新定義一個新的熵，稱為灰色熵「Grey entropy」，模型如方程式（4-3）所示。

$$W(\hat{A}) = \frac{1}{0.6478} \sum_{i=1}^{m} W_e(X_i) \qquad (4\text{-}3)$$

其中：(1) 取 $c_1 = c_2 = c_3 = , \cdots, c_m = 1$，代入方程式（4-2）中，可
　　　　以得到 $a = \dfrac{1}{0.6478}$

(2) $W(x) = [xe^{(1-x)} + (1-x)e^x - 1]$ 的圖形如圖 4-1 所示。

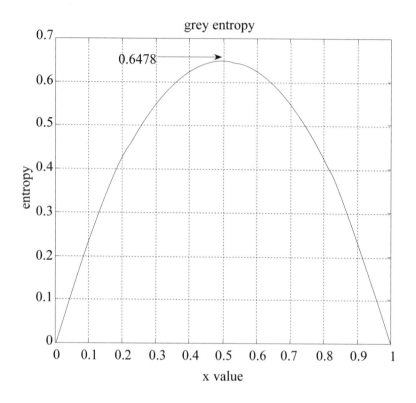

圖4-1・灰色熵之圖形

2. 分析步驟：灰色熵的求取共計七大步驟，說明如下。

   (1) 設定欲求之序列

   $$x_i = (x_i(1), x_i(2), x_i(3), \cdots, x_i(k)) \qquad (4\text{-}4)$$

   其中 $i = 1, 2, 3 - m$，$k = 1, 2, 3, \cdots, n$

   (2) 計算各個因子屬性（attribute）的總和

$$D_k = \sum_{i=1}^{m} x_k(i)$$
（4-5）

(3) 計算正規化係數

$$k = \frac{1}{0.6478 \times m}$$
（4-6）

(4) 代入灰色熵中計算各個因子的熵

$$e_k = \frac{1}{0.6478 \times m} \sum_{i=1}^{m} W_e \left(\frac{x_i(k)}{D_k} \right)$$
（4-7）

(5) 計算各個因子熵的總和

$$E = \sum_{i=1}^{n} e_k$$
（4-8）

(6) 計算相對的權重

$$\lambda_k = \frac{1}{m - E} [1 - e_k]$$
（4-9）

(7) 計算正規化權重：β_k 即為各個因子之權重

$$\beta_k = \frac{\lambda_k}{\sum_{i=1}^{n} \lambda_i}$$
（4-10）

4.1.2 實例分析：電力諧波之權重

在電腦室中總共六十部電腦，並且使用相同的匯流排，匯流排之功率為 10kw，請計算各個電腦之諧波權重。前置作業為：

1. 將電腦以十部為一組連結 UPS（共計六組型態）。
2. 計算電壓諧波，量測第三次諧波、第五次諧波、第七次諧波及第九次諧波之數值，總共測量 12 次後再取平均值。

組數	第三次諧波 (%)	第五次諧波 (%)	第七次諧波 (%)	第九次諧波 (%)
10 組	0.62	0.32	0.91	0.55
20 組	0.86	0.55	1.01	0.63
30 組	1.11	0.86	1.18	0.79
40 組	1.45	1.21	1.29	0.88
50 組	1.75	1.44	1.35	0.95
60 組	2.03	1.63	1.39	1.03

表4-1‧量測之諧波值（測量 12 次之平均值）

分析步驟：

1. 設定欲求之序列：如表 4-1 所示
2. 計算各個因子屬性的總和：$i = 1, 2, 3, \cdots, 6$，$k = 1, 2, 3, 4$

$D_1 = 0.62 + 0.86 + 1.11 + 1.45 + 1.75 + 2.03 = 7.82$

$D_2 = 0.32 + 0.55 + 0.86 + 1.21 + 1.44 + 1.63 = 6.01$

$D_3 = 0.91 + 1.01 + 1.18 + 1.29 + 1.35 + 1.39 = 7.13$

$D_4 = 0.55 + 0.63 + 0.79 + 0.88 + 0.95 + 1.03 = 4.83$

3. 計算正規化係數：$k = \dfrac{1}{0.6478 \times 4} = 0.3859$（$m = 4$）

4. 代入灰色熵中計算各個因子的熵

$$
\begin{aligned}
e_1 = \frac{1}{0.6478 \times 4}\Bigg\{ &\left[\frac{0.62}{7.82}e^{\left(1-\frac{0.62}{7.82}\right)}+\left(1-\frac{0.62}{7.82}\right)e^{\frac{0.62}{7.82}}-1\right] \\
&+\left[\frac{0.86}{7.82}e^{\left(1-\frac{0.86}{7.82}\right)}+\left(1-\frac{0.86}{7.82}\right)e^{\frac{0.86}{7.82}}-1\right] \\
&+\left[\frac{1.11}{7.82}e^{\left(1-\frac{1.11}{7.82}\right)}+\left(1-\frac{1.11}{7.82}\right)e^{\frac{1.11}{7.82}}-1\right] \\
&+\left[\frac{1.45}{7.82}e^{\left(1-\frac{1.45}{7.82}\right)}+\left(1-\frac{1.45}{7.82}\right)e^{\frac{1.45}{7.82}}-1\right] \\
&+\left[\frac{1.75}{7.82}e^{\left(1-\frac{1.75}{7.82}\right)}+\left(1-\frac{1.75}{7.82}\right)e^{\frac{1.75}{7.82}}-1\right] \\
&+\left[\frac{2.03}{7.82}e^{\left(1-\frac{2.03}{7.82}\right)}+\left(1-\frac{2.03}{7.82}\right)e^{\frac{2.03}{7.82}}-1\right]\Bigg\}=0.8264
\end{aligned}
$$

$$
\begin{aligned}
e_2 = \frac{1}{0.6478 \times 4}\Bigg\{ &\left[\frac{0.32}{6.01}e^{\left(1-\frac{0.32}{6.01}\right)}+\left(1-\frac{0.32}{6.01}\right)e^{\frac{0.32}{6.01}}-1\right] \\
&+\left[\frac{0.55}{6.01}e^{\left(1-\frac{0.55}{6.01}\right)}+\left(1-\frac{0.55}{6.01}\right)e^{\frac{0.55}{6.01}}-1\right] \\
&+\left[\frac{0.86}{6.01}e^{\left(1-\frac{0.86}{6.01}\right)}+\left(1-\frac{0.86}{6.01}\right)e^{\frac{0.86}{6.01}}-1\right] \\
&+\left[\frac{1.21}{6.01}e^{\left(1-\frac{1.21}{6.01}\right)}+\left(1-\frac{1.21}{6.01}\right)e^{\frac{1.21}{6.01}}-1\right] \\
&+\left[\frac{1.44}{6.01}e^{\left(1-\frac{1.44}{6.01}\right)}+\left(1-\frac{1.44}{6.01}\right)e^{\frac{1.44}{6.01}}-1\right] \\
&+\left[\frac{1.63}{6.01}e^{\left(1-\frac{1.63}{7.82}\right)}+\left(1-\frac{1.63}{6.01}\right)e^{\frac{1.63}{6.01}}-1\right]\Bigg\}=0.8124
\end{aligned}
$$

$$
\begin{aligned}
e_3 = \frac{1}{0.6478 \times 4}\Bigg\{ &\left[\frac{0.91}{7.13}e^{\left(1-\frac{0.91}{7.13}\right)}+\left(1-\frac{0.91}{7.13}\right)e^{\frac{0.91}{7.13}}-1\right] \\
&+\left[\frac{1.01}{7.13}e^{\left(1-\frac{1.01}{7.13}\right)}+\left(1-\frac{1.01}{7.13}\right)e^{\frac{1.01}{7.13}}-1\right] \\
&+\left[\frac{1.18}{7.13}e^{\left(1-\frac{1.18}{7.13}\right)}+\left(1-\frac{1.18}{7.13}\right)e^{\frac{1.18}{7.13}}-1\right] \\
&+\left[\frac{1.29}{7.13}e^{\left(1-\frac{1.29}{7.13}\right)}+\left(1-\frac{1.29}{7.13}\right)e^{\frac{1.29}{7.13}}-1\right]
\end{aligned}
$$

$$+\left[\frac{1.35}{7.13}e^{\left(1-\frac{1.35}{7.13}\right)}+\left(1-\frac{1.35}{7.13}\right)e^{\frac{1.35}{7.13}}-1\right]$$

$$+\left[\frac{1.39}{7.13}e^{\left(1-\frac{0.91}{7.13}\right)}+\left(1-\frac{1.39}{7.13}\right)e^{\frac{0.91}{7.13}}-1\right]\Bigg\}=0.8480$$

$$e_4=\frac{1}{0.6478\times4}\left\{\left[\frac{0.55}{4.83}e^{\left(1-\frac{0.55}{4.83}\right)}+\left(1-\frac{0.55}{4.83}\right)e^{\frac{0.55}{4.83}}-1\right]\right.$$

$$+\left[\frac{0.63}{4.83}e^{\left(1-\frac{0.63}{4.83}\right)}+\left(1-\frac{0.63}{4.83}\right)e^{\frac{0.63}{4.83}}-1\right]$$

$$+\left[\frac{0.79}{4.83}e^{\left(1-\frac{0.79}{4.83}\right)}+\left(1-\frac{0.79}{4.83}\right)e^{\frac{0.79}{4.83}}-1\right]$$

$$+\left[\frac{0.88}{4.83}e^{\left(1-\frac{0.88}{4.83}\right)}+\left(1-\frac{0.88}{4.83}\right)e^{\frac{0.88}{4.83}}-1\right]$$

$$+\left[\frac{0.95}{4.83}e^{\left(1-\frac{0.95}{4.83}\right)}+\left(1-\frac{0.95}{4.83}\right)e^{\frac{0.95}{4.83}}-1\right]$$

$$+\left[\frac{1.03}{4.83}e^{\left(1-\frac{1.03}{4.83}\right)}+\left(1-\frac{1.03}{4.83}\right)e^{\frac{1.03}{4.83}}-1\right]\Bigg\}=0.8439$$

5. 計算各個因子熵的總和

$$E=e_1+e_2+e_3+e_4=0.8264+0.8214+0.8480+0.8439=3.3307$$

6. 計算相對的權重

$$\lambda_1=\frac{1}{4-3.3307}[1-0.8264]=0.2594 \ , \ \lambda_2=\frac{1}{4-3.3307}$$

$$[1-0.8124]=0.2803 \ ,$$

$$\lambda_3=\frac{1}{4-3.3307}[1-0.8480]=0.2271 \ , \ \lambda_4=\frac{1}{4-3.3307}$$

$$[1-0.8439]=0.2332$$

7. 計算正規化權重：$\sum\limits_{i=1}^{4}\lambda_1=0.2594+0.2803+0.2271+0.2332=1$

因此：$\beta_1=\dfrac{0.2594}{1.0000}=0.2594 \ , \ \beta_2=\dfrac{0.2803}{1.0000}=0.2803 \ ,$

$$\beta_3=\frac{0.2271}{1.0000}=0.2271 \ , \ \beta_4=\frac{0.2332}{1.0000}=0.2332$$

得到諧波之權重加以整理，如表 4-2 所示。

表4-2‧各個諧波之權重

諧波	第三次諧波	第五次諧波	第七次諧波	第九次諧波
權重	0.2594	0.2803	0.2271	0.2332

4.2 灰色 $(1, N)$ 模型

4.2.1 基本數學模型

根據灰色系統理論的定義，GM(1, N) 模型的灰微分方程式為：

$$\frac{dx^{(1)}}{dt} + ax_1^{(1)} = \sum_{i=2}^{N} b_i x_i^{(1)}(k) \tag{4-11}$$

其中：i. a 及 b_i 為係數。

ii. $x_1^{(1)}(k)$：為標準序列，$x_i^{(1)}(k)$：為比較序列。

iii. $x^{(1)} = \left(\sum_{k=1}^{1} x^{(0)}(k), \sum_{k=1}^{2} x^{(0)}(k), \cdots, \sum_{k=1}^{n} x^{(0)}(k) \right)$。

在灰色系統理論中，如果在序列 $x_i^{(0)}(k)$，$i = 1, 2, 3, \cdots, N$ 中，$x_1^{(0)}(k)$ 為系統的主要行為，$x_2^{(0)}(k), x_3^{(0)}(k), x_4^{(0)}(k), \cdots, x_N^{(0)}(k)$ 而為影響主行為之因子，則可以利用 GM(1, N) 模型做分析，步驟為：

1. 建立原始序列

$$x_1^{(0)} = \{x_1^{(0)}(1), x_1^{(0)}(2), \cdots, x_1^{(0)}(k)\}$$
$$x_2^{(0)} = \{x_2^{(0)}(1), x_2^{(0)}(2), \cdots, x_2^{(0)}(k)\}$$
$$x_3^{(0)} = \{x_3^{(0)}(1), x_3^{(0)}(2), \cdots, x_3^{(0)}(k)\} \quad k = 1, 2, 3, \cdots, n \quad（4\text{-}12）$$
$$\cdots\cdots\cdots\cdots\cdots\cdots$$
$$x_N^{(0)} = \{x_N^{(0)}(1), x_N^{(0)}(2), \cdots, x_N^{(0)}(k)\}$$

2. 建立 AGO 序列

$$x_1^{(1)} = \{x_1^{(1)}(1), x_1^{(1)}(2), \cdots, x_1^{(1)}(k)\}$$
$$x_2^{(1)} = \{x_2^{(0)}(1), x_2^{(1)}(2), \cdots, x_2^{(1)}(k)\}$$
$$x_3^{(1)} = \{x_3^{(1)}(1), x_3^{(1)}(2), \cdots, x_3^{(1)}(k)\} \quad k = 1, 2, 3, \cdots, n \quad（4\text{-}13）$$
$$\cdots\cdots\cdots\cdots\cdots\cdots$$
$$x_N^{(1)} = \{x_N^{(1)}(1), x_N^{(1)}(2), \cdots, x_N^{(1)}(k)\}$$

3. 寫出標準型式

根據 GM(1, N) 的型式，將 AGO 後之數式組合成

$$x_1^{(0)}(k) + az_1^{(1)}(k) = \sum_{i=2}^{N} b_i x_i^{(1)}(k) \qquad（4\text{-}14）$$

其中：$z_1^{(1)}(k) = 0.5x_1^{(1)}(k) + 0.5x_1^{(1)}(k-1), k \geq 2$

4. 求解

利用（4-14）式，代入各個生成後之數值，可以得到

$$x_1^{(0)}(2) + az_1^{(1)}(2) = b_2 x_2^{(1)}(2) + \cdots + b_N x_N^{(1)}(2)$$

$$x_1^{(0)}(3) + az_1^{(1)}(3) = b_2 x_2^{(1)}(3) + \cdots + b_N x_N^{(1)}(3)$$

$$\cdots\cdots\cdots\cdots\cdots\cdots\cdots\cdots\cdots \qquad (4\text{-}15)$$

$$x_1^{(0)}(n) + az_1^{(1)}(n) = b_2 x_2^{(1)}(n) + \cdots + b_N x_N^{(1)}(n)$$

再將上述之方程組轉成矩陣的型式

$$\begin{bmatrix} x_1^{(0)}(2) \\ x_1^{(0)}(3) \\ \vdots \\ x_1^{(0)}(n) \end{bmatrix} = \begin{bmatrix} -z_1^{(1)}(2) & x_2^{(1)}(2) & \cdots & x_N^{(1)}(2) \\ -z_1^{(1)}(3) & x_2^{(1)}(3) & \cdots & x_N^{(1)}(3) \\ \vdots & \cdots & & \cdots \\ -z_1^{(1)}(n) & x_2^{(1)}(n) & \cdots & x_N^{(1)}(n) \end{bmatrix} \begin{bmatrix} a \\ b_2 \\ \vdots \\ b_N \end{bmatrix} \qquad (4\text{-}16)$$

根據最小平方法則，解出 $\hat{a} = (B^T B)^{-1} B^T Y_N$，其中

$$\begin{bmatrix} x_1^{(0)}(2) \\ x_1^{(0)}(3) \\ \vdots \\ x_1^{(0)}(n) \end{bmatrix} B = \begin{bmatrix} -z_1^{(1)}(2) & x_2^{(1)}(2) & \cdots & x_N^{(1)}(2) \\ -z_1^{(1)}(3) & x_2^{(1)}(3) & \cdots & x_N^{(1)}(3) \\ \vdots & \cdots & & \cdots \\ -z_1^{(1)}(n) & x_2^{(1)}(n) & \cdots & x_N^{(1)}(n) \end{bmatrix} \hat{a} = \begin{bmatrix} a \\ b_2 \\ \vdots \\ b_N \end{bmatrix} \quad (4\text{-}17)$$

　　而求出主行為因子和各個子因子之間的關係，得知是做系統的輸出與輸入之綜合研究，除此之外，也可以了解系統中各個環節的發展變化。

4.3.2 幼稚園及托兒所之選擇

　　幼保機構萌芽於十八世紀，性質大部分屬於社會上的一種慈善事業。幼保機構通常可分為幼稚園及托兒所兩大類，其中托兒所是屬於社會福利性質，而幼稚園是屬於教育性質。因為社會結構變遷，雙薪家庭愈來愈多，幼兒教保工作就顯得更為重要。在目前私人幼稚園及托兒所紛紛成立之下，要選擇一所適合幼兒的及可以配合家長的需求，為當前的重要問題。

　　隨著社會的變遷，人們愈來愈重視幼兒教育，時下的幼教機構常常標榜著雙語、三語及本土化等等，各式各樣不同的教學方式，包含散發教學、開放教育教學、（大）單元設計教學、皮亞傑教學、行為課程教學、五指活動教學、蒙特梭利教學、福祿貝爾教學、發現學習教學、創造思考教學、方案教學、萌發課程教學、主題教學及各種特殊的教學環境。諸多的誘因困惑著大多數的家長，往往選擇了一所自己理想中的幼教機構就讀後，卻又發現現況與事實差了一大截，不是收費太高、接送不便、作息無法配合就是幼兒無法適應。在台灣，小朋友在幼兒教育的階段更換好幾所學校是常有的事，因此如何選擇一個適合的幼教機構，是家長們必修的課程。在過去的相關研究之中，並沒有一個方法能夠明白告訴我們如何選擇幼教機構，一般均僅能以該機構是否立案或評鑑的等級等等，決定是否要讓小朋友去就讀；因此本例題是針對目前的幼教機構，植基予灰關聯度的調查結果，藉由GM(1, N) 分析影響幼教機構優劣之因子。

1. 研究因子及標準值的建立

　　本例採樣調查位於台中都會地區，對象包括幼稚園及托兒所，

由於目前幼稚園和托兒所的分類比較模糊了，而未來也將實施幼托合一，所以將二者合併調查。此次共有 9 間幼教機構接受問卷調查，由於調查的數據部分為該機構的內部資料，也為避免有打廣告的嫌疑，所以以英文 A～I 代替。

2. 研究因子分析：由表 4-3 中，研究因子有：

(1) 學校收費：一般學校收取的費用分為註冊費及月費有的甚至有暑期班的額外收，此次的調查對象皆只有註冊費及月費，註冊費是 9,000 元～15,000 元，月費則由 4,500 元～9,000 元不等。

(2) 教師師資：大部份的幼教機構的教師都是本科系的學生，僅有少數是由非本科系的教師擔任，本科系指的是幼保系或幼保科。

(3) 學生人數與教師比例：教師與學生人數的比值牽涉到師資資源分配的問題，學生能夠得到比較多的關懷與教導。一般而言，每班都會有一位主任教師，當班上人數較多時也會有助理教師的編制。

(4) 每學期辦活動次數：幼教機構常常辦理參觀活動或遠足，對於幼兒接觸外界的事物有很大的幫助，能讓幼兒體認到團體活動的確切性。本次調查是台中都會地區，可參觀、遠足的地點算是蠻多的，所以比起一般鄉鎮市，每學期辦活動次數比較高。

(5) 班級人數：每班班級人數的多寡，代表著教學品質的高低，在幼教機構中，一班人數往往不超過 25 人，是屬於小班式的班級結構，甚至學生人數只有 10 多個也是可常常見到。

3. 標準值的建立及數據處理

(1) 學校平均月收費（元）：依據「幼稚教育法」第十七條公私立幼稚園收費項目、用途及數額，須經所在地主管教育行政機關核定。經實際調查後發現收費平均每月約 8,000 元，因此 8,000 元為標準值。

(2) 教師師資：以相關科系及非相關科系作為一個比值，如相關科系為 15 人，非相關科系 2 人，則計算結果為 $(17 - 2)/17 = 0.8666$（總人數－非相關科系人數／總人數），基準值取 1。

(3) 教師人數比例：依據「台灣省托兒所設置標準與設立辦法」第三章第十七條之 2 托兒業務收托二歲以上兒童，每十五人至三十人置保育人員或助理保育員一人，未滿十五人以十五人計算，所以本例題以十五人為標準。

(4) 活動次數：經調查後以 4 次為每學期辦活動次數為標準。

(5) 班級人數：依據「幼稚教育法」第八條幼稚園教學每班兒童不得超過三十人，所以本例題以三十人為標準值。

表4-3・台中都會地區幼稚園及托兒所之數值

	平均月收費（元）	教師師資相關科：非相關科	學生人數與教師人數比例	每學期辦活動次數	班級人數人數：班數
A 幼稚園	11416	24：1	10：1	6	20
B 幼稚園	6583	10：1	17.8：1	5	22.5
C 幼稚園	5500	3：1	24.66：1	6	24.66
D 幼稚園	6016	5：0	15：1	6	15
E 幼稚園	7000	7：1	10.2：1	3	17
F 幼稚園	11333	10：0	12.3：1	4	24.6
G 幼稚園	12000	2：0	5.5：1	1	5.5
H 幼稚園	10000	5：0	8：1	4	10
I 幼稚園	10000	16：1	12.93：1	10	17.63

	平均月收費（萬元）	教師師資相關科／非相關科	學生人數與教師人數比例	每學期辦活動次數	班級人數人數：班數
A 幼稚園	1.1416	23/24＝0.958	15/10＝1.5	6	30/20＝1.5
B 幼稚園	0.6583	10/10＝1	15/17.8＝0.8426	5	22.5/30＝1.333
C 幼稚園	0.5500	2/3＝0.6667	15/24.66＝0.6082	6	24.66/30＝1.216
D 幼稚園	0.6016	5/5＝1	15/15＝1	6	15/30＝2
E 幼稚園	0.7000	6/7＝0.8571	15/10.2＝1.4705	3	17/30＝1.764
F 幼稚園	1.1333	10/10＝1	15/12.3＝1.2195	4	24.66/30＝1.216
G 幼稚園	1.2000	2/2＝1	15/5.5＝2.7272	1	5.5/30＝5.454
H 幼稚園	1.0000	5/5＝1	15/8＝1.873	4	10/30＝3
I 幼稚園	1.0000	15/16＝0.9375	15/12.93＝1.16	10	17.63/30＝1.701

表4-4　台中都會地區幼稚園及托兒所轉換之數值

4. 利用灰關聯度公式求出量化之數值：

(1) 建立標準序列

    a. 平均月收費（萬元）：取均值。

    b. 教師師資比例：取望大值。

    c. 學生與教師比例：取望小值。

    d. 每學期辦活動次數：取均值

    e. 班級人數標準值：取望小值

    因此 $x_0 = \{0.8000, 1.0000, 0.6802, 4.0000, 1.2160\}$，而比較序

列為 $x_1 \sim x_9$：

$x_1 = \{1.1416, 0.9580, 1.5000, 6.0000, 1.5000\}$

$x_2 = \{0.6583, 1.0000, 0.8426, 5.0000, 1.3330\}$

$x_3 = \{0.5500, 0.6667, 0.6082, 6.0000, 1.2160\}$

$x_4 = \{0.6016, 1.0000, 1.0000, 6.0000, 2.0000\}$

$x_5 = \{0.7000, 0.8571, 1.4705, 3.0000, 1.7640\}$

$x_6 = \{1.1333, 1.0000, 1.2195, 4.0000, 1.2160\}$

$x_7 = \{1.2000, 1.0000, 2.7272, 1.0000, 5.4540\}$

$x_8 = \{1.0000, 1.0000, 1.8730, 4.0000, 3.0000\}$

$x_9 = \{1.0000, 0.9375, 1.1600, 10.000, 1.7010\}$

(2) 代入溫坤禮之灰關聯度公式，求出灰關聯度之大小

$\Gamma_{01} = 0.7375$，$\Gamma_{02} = 0.8756$，$\Gamma_{03} = 0.7947$，$\Gamma_{04} = 0.7518$，

$\Gamma_{05} = 0.7950$，$\Gamma_{06} = 0.9197$，$\Gamma_{07} = 0.5081$，$\Gamma_{08} = 0.7589$，

$\Gamma_{09} = 0.5839$。

(3) 比較灰關聯度之大小：由上式的計算得知灰關聯度之大小排序為：$x_6 > x_2 > x_8 > x_5 > x_3 > x_4 > x_1 > x_9 > x_7$

實地調查編號為 F 亦即代號為序列為 x_6 的幼稚園，該幼稚園在台中地區是有知名度的幼教機構，該幼稚園不僅只是經營幼教，並有出版幼教教學的書籍及內容豐富的網頁等等，在台中也有三所分校。

5. 以灰關聯度之大小給予主觀之分數，如表 4-5 所示。

表4-5．台中都會地區幼稚園及托兒所灰關聯度之主觀分數

幼稚園	分數	幼稚園	分數	幼稚園	分數
x_1	70	x_4	75	x_7	60
x_2	95	x_5	85	x_8	90
x_3	80	x_6	100	x_9	65

6. GM(1, N) 方法：由表 4-4 及表 4-5 的結果可以建構各個序列，如表 4-6 所示。

表4-6．台中都會地區幼稚園及托兒所 GM(1, N) 序列

	平均月收費（元）	教師師資相關科/非相關科	學生人數與教師人數比例	每學期辦活動次數	班級人數人數：班數	灰關聯度
A 幼稚園	1.1416	0.958	1.5	6	1.5	70
B 幼稚園	0.6583	1	0.8426	5	1.333	95
C 幼稚園	0.5500	0.6667	0.6082	6	1.216	80
D 幼稚園	0.6016	1	1	6	2	75
E 幼稚園	0.7000	0.8571	1.4705	3	1.764	85
F 幼稚園	1.1333	1	1.2195	4	1.216	100
G 幼稚園	1.2000	1	12.7272	1	5.454	60
H 幼稚園	1.0000	1	1.873	4	3	90
I 幼稚園	1.0000	0.9375	1.16	10	1.701	65

7. 代入 GM(1.N) 電腦程式中，可以求出各個因子的權重為：$b_2 = 4.5227$，$b_3 = 179.7621$，$b_4 = 7.2090$，$b_5 = 4.1683$ 及 $b_6 = 17.6823$。因此因子的排列為：教師師資＞班級人數＞學生人數與教師人數比例＞平均月收費＞每學期辦活動次數。

4.3　灰色 GM(0, N) 模型

4.3.1　基本數學模型

GM(0, N) 模型是 GM(1, N) 模型的特例，主要的作用為研究 N 個變數之間的「量化關係」，是屬於靜態因子的分析。根據 GM(0, N) 的定義，方程式為

$$az_1^{(1)}(k) = \sum_{j=2}^{N} b_j x_j^{(1)}(k) = b_2 x_2^{(1)}(k) + b_3 x_3^{(1)}(k) + \cdots + b_N x_N^{(1)}(k) \quad （4\text{-}18）$$

其中：$z_1^{(1)}(k) = 0.5x_1^{(1)}(k-1) + 0.5x_1^{(1)}(k)$，$k = 2, 3, 4, \cdots, n$

1. 代入各個數值得到

$$a_1 z_1^{(1)}(2) = b_2 x_2^{(1)}(2) + \cdots + b_N x_N^{(1)}(2)$$
$$a_1 z_1^{(1)}(3) = b_2 x_2^{(1)}(3) + \cdots + b_N x_N^{(1)}(3)$$
$$\cdots\cdots\cdots\cdots\cdots\cdots\cdots\cdots \quad （4\text{-}19）$$
$$a_1 z_1^{(1)}(n) = b_2 x_2^{(1)}(n) + \cdots + b_N x_N^{(1)}(n)$$

2. 將上述的方程組兩邊同除以 a_1，再轉化成矩陣的型式

$$
\begin{bmatrix}
0.5x_1^{(1)}(1)+0.5x_1^{(1)}(2) \\
0.5x_1^{(1)}(2)+0.5x_1^{(1)}(3) \\
\vdots \\
0.5x_1^{(1)}(n-1)+0.5x_1^{(1)}(n)
\end{bmatrix}
=
\begin{bmatrix}
x_2^{(1)}(2) & \cdots & x_N^{(1)}(2) \\
x_2^{(1)}(3) & \cdots & x_N^{(1)}(3) \\
\vdots & \cdots & \vdots \\
x_2^{(1)}(n) & \cdots & x_N^{(1)}(n)
\end{bmatrix}
\begin{bmatrix}
\dfrac{b_2}{a_1} \\
\dfrac{b_3}{a_1} \\
\dfrac{b_4}{a_1} \\
\vdots \\
\dfrac{b_N}{a_1}
\end{bmatrix}
\qquad (4\text{-}20)
$$

令 $\dfrac{b_j}{a_1}=\hat{b}_m$，其中 $m = 2, 3, 4, \cdots, N,$ 則上式變成

$$
\begin{bmatrix}
0.5x_1^{(1)}(1)+0.5x_1^{(1)}(2) \\
0.5x_1^{(1)}(2)+0.5x_1^{(1)}(3) \\
\vdots \\
0.5x_1^{(1)}(n-1)+0.5x_1^{(1)}(n)
\end{bmatrix}
=
\begin{bmatrix}
x_2^{(1)}(2) & \cdots & x_N^{(1)}(2) \\
x_2^{(1)}(3) & \cdots & x_N^{(1)}(3) \\
\vdots & \cdots & \vdots \\
x_2^{(1)}(n) & \cdots & x_N^{(1)}(n)
\end{bmatrix}
=
\begin{bmatrix}
\hat{b}_2 \\
\hat{b}_3 \\
\hat{b}_4 \\
\vdots \\
\hat{b}_N
\end{bmatrix}
\qquad (4\text{-}21)
$$

同樣的利用矩陣求解的方式以 $\hat{B}=(Y^T Y)^{-1}Y^T X$ 解出 $\hat{b}_m$ 的數值，其中

$$
X=
\begin{bmatrix}
0.5x_1^{(1)}(1)+0.5x_1^{(1)}(2) \\
0.5x_1^{(1)}(2)+0.5x_1^{(1)}(3) \\
\vdots \\
0.5x_1^{(1)}(n-1)+0.5x_1^{(1)}(n)
\end{bmatrix}
,\;
Y=
\begin{bmatrix}
x_2^{(1)}(2) & \cdots & x_N^{(1)}(2) \\
x_2^{(1)}(3) & \cdots & x_N^{(1)}(3) \\
\vdots & \cdots & \vdots \\
x_2^{(1)}(n) & \cdots & x_N^{(1)}(n)
\end{bmatrix}
,\;
\hat{B}=
\begin{bmatrix}
\hat{b}_2 \\
\hat{b}_3 \\
\hat{b}_4 \\
\vdots \\
\hat{b}_N
\end{bmatrix}
\quad (4\text{-}22)
$$

而 $\hat{b}_m$ 的數值大小即表示比較序列對標準序列 x_1 的權重大小。

4.3.2 十三支排局中輸贏因子之研究

「十三支」亦稱「羅宋」，遊戲規則乃以一副 52 張的牌均分給四家，每家 13 張，第一組分三支牌，接著二組各為五支牌的組合，比排列組合後之大小以定輸贏。玩家必須謹慎地取決牌的組合，其手氣成分遠高於鬥智層次，技術重點在於機率的計算與正確的比法，因此在醫學上也被當成是治療老人癡呆症的一種療法。

1. 標準玩法如下：

    (1) 參賽人數：十三支參賽之標準人數為四名，這樣每人將可各自取得十三張牌（$\frac{52}{4} = 13$）。另外亦可變相玩三人型態或五人型態的「十三支」。在三人型態的部份，必須先將「梅花二」拿掉，使總共的牌數成為五十一張，這樣每人將可取得整除的十七張牌，再依照個人牌姿的發展。五人型態的部份，除了整副之外（五十二張），必須外加任一色牌（梅花、紅心、紅磚或黑桃均可），使總共的牌數成為六十五（$52 + 13 = 65$）張，這樣每人一樣可各自取得十三張牌（$\frac{65}{5} = 13$）。

    (2) 「發牌者」之設定：可以任選其中一人（一般玩法在開賽之首局，通常是由四人當中年紀最輕者率先取得發牌資格，待該局打完後，則由該局「取得最大牌姿者」，接續取得發牌資格）。

    (3) 「洗牌及做牌」之設定（以四人玩法的十三張為例）：比賽一開始，需由發牌者負責「洗牌」，待洗完牌之後，發

牌者必須自整疊牌中「捎」出一張牌來，並且翻給大夥兒看，以決定從哪一家開始發牌，並且迅速完成「發牌」之動作。捎上來的牌若為「A；5；9；K」，即代表「頭」，必須從發牌者本身開始發牌（直到把整副牌發完為止）；若為「2；6；10」，即代表「出」，必須從發牌者的下家開始發牌；若為「3；7；J」，即代表「穿」，必須從發牌者的對家開始發牌；若為「4；8；Q」，即代表「尾」，必須從發牌者的上家開始發牌。

2. 「比牌」時的模式

比牌必須採取「三張（前墩）、五張（中墩）、五張（後墩）」的對戰陣容，而且後墩的牌姿必須大於中墩的牌姿，中墩的牌姿必須大於前墩的牌姿。基本上而言，「十三支」的牌姿內容有六種基本牌形。

(1) 散牌（separate）：又稱「金巴」或「散張」，也就是單一型態的牌所組成的三張（中墩比法適用）或五張（前墩、後墩比法適用）。例如：一張「6」、一張「Q」、一張「K」或是一張「A」、一張「J」、一張「10」、一張「9」、一張「5」。52 張任取 3 張構成散牌的機率是 $\frac{1}{1716}$，而 52 張任取 5 張構成散牌的機率是 $\frac{1}{154000}$。

(2) 一杯（one pair）：也就是擁有成雙的對子（one pair），外加任一單張（前墩比法適用）或任三單張（中墩、後墩比法適用）。例如：兩張「5」外加任一單張或任三單張；兩張「J」外加任一單張或任三單張或兩張「A」外

111

加任一單張或任三單張。52 張任取 3 張構成一杯的機率

是 $\dfrac{C_2^4 \times 13 \times C_1^{12} \times 4}{C_3^{52}}$，52 張任取 5 張構成一杯的機率是

$$\dfrac{C_2^4 \times 13 \times C_3^{12} \times 4^3}{C_3^{52}} = 0.422569028 \text{。}$$

(3) 二杯（two pair）：也就是擁有兩個有成雙的「對子」，
外加任一單張（中墩、後墩比法適用）。例如：兩張
「5」、兩張「J」外加任一單張或兩張「A」、兩張
「9」外加任一單張。52 張任取 5 張構成二杯的機率是

$$\dfrac{C_2^{13} \times C_2^4 \times C_2^4 \times 11 \times 4}{C_5^{52}} = 0.047539016 \text{。}$$

(4) 鐵支（four of a kind）：即四條（四張相同數字的牌）。惟
比牌之際，必須外加另一單張牌，使其成為五張，方能符合
比賽之規定（中墩、後墩比法適用）。例如：四張「2」外
加任一單張牌；四張「K」外加任一單張牌。此乃俗稱「怪
物」（特殊牌）的第一種型態。52 張任取 5 張構成四條的

機率是 $\dfrac{13 \times 12 \times 4}{C_5^{52}} = 0.000240096 \text{。}$

(5) 同花順（straight flush）：擁有五張連續性且同樣花色的順
子。例如：「黑梅 2、黑梅 3、黑梅 4、黑梅 5 及黑梅 6」
所形成的順子或「紅磚 9、紅磚 10、紅磚 J、紅磚 Q 及紅磚
K」所形成的順子。此乃俗稱「怪物」（特殊牌）的第二種
型態。52 張任取 5 張構成同花順的機率是 $\dfrac{4 \times 10}{C_5^{52}}$。

(6) 一條龍（a dragon）：手中的持牌為「A、1、2、3、4、5、
6、7、8、9、10、J、Q、K」連續性十三單張，此乃俗稱的
「一條龍」（特殊牌），這是「十三支」撲克牌遊戲當中最

強悍的牌姿。惟在三人型態的「大老二」玩法中，因為各家取得的張數一樣多，拿到連續性十三單張的機會不大，所以，「一條龍」牌姿不太可能成立。52 張任取 13 張構成一條龍的機率是 $\dfrac{4^{13}}{C_{13}^{52}}$。

3. 各種牌姿之大小比較

(1) 「散牌」大小之比較：散牌的比較方式，乃先比最大之單張，倘若平手，再比次大之單張，於此類推下去，直到分出勝負為止。單張大小依序為：「A」大於「K」大於「Q」大於「J」大於「10」大於「9」大於「8」大於「7」大於「6」大於「5」大於「4」大於「3」大於「2」。倘若前墩三張牌的數字均相同，或者中墩、後墩五張牌的數字均相同時，均視為平手。

(2) 「一杯」大小之比較：杯的大小依序為：「A 杯」大於「K杯」大於「Q 杯」大於「J 杯」大於「10 杯」大於「9 杯」大於「8 杯」大於「7 杯」大於「6 杯」大於「5 杯」大於「4 杯」大於「3 杯」大於「2 杯」。倘若，彼此的「一杯」大小相同，則再比另一單張（前墩的比法適用）或另三單張（中墩及後墩的比法適用）。

(3) 「二坯」大小之比較：二坯大小的比方式，必須先從「大杯」的部份開始比起，倘若「大杯」的數字相同，再比較「小杯」的部份，倘若小杯的數字又相同，則再比另一單張的部份。無論「大杯」或「小杯」，其大小跟「一杯」的比較方式相同，依序為：「A 杯」大於「K 杯」大於「Q 杯」

大於「J 杯」大於「10 杯」大於「9 杯」大於「8 杯」大於「7 杯」大於「6 杯」大於「5 杯」大於「4 杯」大於「3 杯」大於「2 杯」。

(4) 「三條」大小之比較：三條的大小依序為：「A 三條」大於「K 三條」大於「Q 三條」大於「J 三條」大於「10 三條」大於「9 三條」大於「8 三條」大於「7 三條」大於「6 三條」大於「5 三條」大於「4 三條」大於「3 三條」大於「2 三條」。

(5) 「順子」大小之比較：順子的大小依序為：「以 A 為首的順子」大於「以 K 為首的順子」大於「以 Q 為首的順子」大於「以 J 為首的順子」大於「以 10 為首的順子」大於「以 9 為首的順子」大於「以 8 為首的順子」大於「以 7 為首的順子」大於「以 6 為首的順子」大於「以 5 為首的順子」大於「以 4 為首的順子」大於「以 3 為首的順子」大於「以 2 為首的順子」，倘若彼此的順子相同，則視為平手。

(6) 「同花」大小之比較：同花的大小依序為：「以 A 為首的同花」大於「以 K 為首的同花」大於「以 Q 為首的同花」大於「以 J 為首的同花」大於「以 10 為首的同花」大於「以 9 為首的同花」大於「以 8 為首的同花」大於「以 7 為首的同花」。倘若彼此最大單張的等級相同，再比較次大的，依此類推直到分出勝負為此（五張牌的等級均相同，則視為平手）。

(7) 「葫蘆」大小之比較：葫蘆的大小依序為：「A 葫蘆」大於「K 葫蘆」大於「Q 葫蘆」大於「J 葫蘆」大於「10 葫蘆」

大於「9 葫蘆」大於「8 葫蘆」大於「7 葫蘆」大於「6 葫蘆」大於「5 葫蘆」大於「4 葫蘆」大於「3 葫蘆」大於「2 葫蘆」。

(8) 「怪物」大小之比較：怪物的大小依序為：「以 A 為首的同花」大於「以 K 為首的同花」大於「以 Q 為首的同花」大於「以 J 為首的同花」大於「以 10 為首的同花」大於「以 9 為首的同花」大於「以 8 為首的同花」大於「以 7 為首的同花」大於「以 6 為首的同花」「以 5 為首的同花」大於「A 鐵枝」大於「K 鐵枝」大於「Q 鐵枝」大於「J 鐵枝」大於「10 鐵枝」大於「9 鐵枝」大於「8 鐵枝」大於「7 鐵枝」大於「6 鐵枝」大於「5 鐵枝」大於「4 鐵枝」大於「4 鐵枝」大於「3 鐵枝」大於「2 鐵枝」。

4. 「勝負賭數」之判定

依照規定，各家的「前墩必須跟前墩對比」、「中墩必須跟中墩對比」、「後墩必須跟後墩對比」，然後再依照這三項的勝負關係來判定輸贏的賭數。

(1) 贏一賭：以甲方為例，當甲方在這三項對比中，跟乙方產生二勝一敗的局面時。

(2) 輸一賭：以甲方為例，當甲方在這三項對比中，跟丙方產生一勝二敗的局面時。

(3) 平分秋色，沒贏沒輸：以甲方為例，當甲方在這三項對比中，跟丁方產生一勝一和一敗的局面時。

(4) 打槍，贏六賭：以甲方為例，當甲方在這三項對比中，跟乙方產生三勝的局面時，便視為「打槍」，擁有雙倍的勝果。

(5) 被打槍，輸六賭：以甲方為例，當甲方在這三項對比中，跟丙方產生三敗的局面時，便視為「被打槍」，必須付出雙倍的失敗代價。

(6) 輾過，贏六賭：以甲方為例，當甲方在這三項對比中，跟丁方產生二勝一和或一勝二和的局面時，可視為「輾過」一樣具有「打槍」的戰果。

(7) 被輾過，輸六賭：以甲方為例，當甲方在這三項對比中，跟丁方產生二敗一和或一敗二和的局面時，必須視為「被輾過」，同樣付出「被打槍」的慘痛代價。

(8) 全壘打（home run），贏各家十二賭：以甲方為例，當甲方在這三項對比中，跟乙方、丙方及丁方均產生「打槍」（含輾過）的局面時，便視為「全壘打」或「紅不讓」，各家均須支付「被打槍」之雙倍的失敗代價。

5. 實際模擬計算

(1) 計分

　a. 兩家牌互比時，贏一副牌可得 1 點，輸一副牌為負 1 點，〔強碰〕不計分。

　b. 某一家對另一家三副牌全贏稱〔打槍〕，則點數乘 2，可得 6 點。

　c. 某一家把另三家全打槍時，稱〔紅不讓〕，贏各家 12 點，共可得 36 點。

　d. 手上的牌型為〔一條龍〕時（A、K、Q、J、10、9、8、7、6、5、4、3、2），則現贏各家 36 點，共可得 108 點。

(2) 加分

　　a.「三條」排在第一副加 3 點。

　　b.「四梅」排在第二副加 5 點，第三副加 4 點。

　　c.「葫蘆」排在第二副加 1 點。

　　d.「同花順」排在第二副加 6 點，第三副加 5 點。

(3) 因子分析

　　本文由科技大學四名學生實際玩十三支的過程分別以個別牌支、運氣加以討論。而參加與本次實際研究之人員以 (1)A 君 (2)B 君 (3)C 君及 (4)D 君表示。然後在四個人玩牌過程當中（打 3 局 12 回）實際記錄個別之

　　a. 全壘打：某一家把三家全打槍。

　　b. 加層：某一家有五項加分。

　　c. 打槍：某一家對另外一家三副牌全贏。

　　d. 室內：某一家被另三家全部打槍。

　　e. 被加層：某一家被另一家有第五項的加分。

　　f. 中槍：某一家被另一家三副牌全輸

　　g. 籌碼：所剩金額。

　　而評比的標準則分為七大項，以每局所加總的次數來做每局的評比，次數有的要愈多次愈好，有的則相反。最後再將以上所得之數據，做灰色數學方法分析處理，所得之數值愈高，表示其運氣、技巧及贏的錢多愈好。

6. 實際之數據

　　由 (1)A 君 (2)B 君 (3)C 君及 (4)D 君四名打三局（每局 12 回）的牌，結果如表 4-7 至表 4-9 所示。

表4-7・第一局的結果

	全壘打	加層	打槍	室內	被加層	中槍	籌碼
A君	1/12	0/12	2/12	0/12	1/12	3/12	4200
B君	0/12	1/12	4/12	0/12	2/12	5/12	3000
C君	0/12	1/12	6/12	0/12	2/12	4/12	3900
D君	0/12	0/12	3/12	1/12	3/12	4/12	900

表4-8・第二局的結果

	全壘打	加層	打槍	室內	被加層	中槍	籌碼
A君	0/12	0/12	3/12	1/12	3/12	4/12	900
B君	2/12	0/12	6/12	1/12	1/12	6/12	4800
C君	0/12	0/12	4/12	0/12	3/12	5/12	1800
D君	0/12	1/12	8/12	0/12	2/12	4/12	4500

表4-9・第三局的結果

	全壘打	加層	打槍	室內	被加層	中槍	籌碼
A君	1/12	1/12	1/12	2/12	2/12	4/12	2400
B君	0/12	0/12	6/12	0/12	3/12	1/12	3600
C君	0/12	1/12	3/12	0/12	2/12	3/12	3300
D君	0/12	1/12	2/12	1/12	2/12	1/12	2700

經由整理，使用加法原則，可以得到表 4-10 之結果

表4-10・將前三局相加的結果

	全壘打	加層	打槍	室內	被加層	中槍	籌碼
A君	2	1	6	3	6	11	7.5
B君	2	1	16	1	6	12	10.8
C君	0	2	13	0	7	12	9.0
D君	0	1	13	2	7	9	8.1

7. GM(0, N) 方法：由表 4-10 的結果可以建構各個序列為

x_1：籌碼。	$x_1 = (7.5, 10.8, 9, 8)$
x_2：全壘打	$x_2 = (2, 2, 0, 0)$
x_3：加層	$x_3 = (1, 1, 2, 1)$
x_4：打槍	$x_4 = (6, 16, 13, 13)$
x_5：室內	$x_5 = (3, 1, 0, 2)$
x_6：被加層	$x_6 = (6, 6, 7, 7)$
x_7：中槍	$x_7 = (11, 12, 12, 9)$

8. 代入 GM(0.N) 數學式中，可以求出各個因子的權重為：$b_2 =$ 2377.1063，$b_3 = 1868.1938$，$b_4 = 14.6109$，$b_5 = 60.2766$，$b_6 =$ 91.6734 及 $b_7 = 21.3375$。因此因子的排列為：全壘打＞加層＞被加層＞室內＞中槍＞打槍。

4.3.3 英語自然發音課程之學習滿意度及教師教學滿意度評估

在台灣，英語學習早已成為「全民運動」，每天在各角落下至幼兒上至銀髮族皆有人在學習英語。兒童英語補習班甚至於成人英語補習班皆普遍開設有英語自然發音課程。學者指出現行的英語發音教育多採「美式英語」為主要路線，傳統拼音系統則以「K.K. 音標」為主要教授材料。在早期的台灣英語教育，發音課並未受到學校當局與任課教師的重視，也未曾被列入正式的英語教學綱要裡。亦有學者認為這種情況一直到九年一貫教育政策實施後，英語自然發音教學才被納入國中、小英語教學中，國中及小學生在單字看字拼讀的成效上有

顯著的進步。一些學者也指出傳統的英語單字學習方法，學生大多僅靠死記或重覆背誦以應付考試，往往無法培養學生看字拼讀或是聽音釋意的進階技巧。而國外的學者認為英語自然發音會改善此一缺點，並且十分有利於學生閱讀的流暢。有些學者更提出有系統的運用自然發音教學於課程內可有效地提昇學生的閱讀能力。此外，在臺灣學術界，雖然有越來越多的學者注意到英語自然發音課程的發展並開始從事相關研究，但是其探討多數針對國中及國小，或者成人英語字彙補救教學方法。但未曾見過有關社區大學自然發音課程成效的研究。因此本例題以中部 D 社區大學自然發音班為研究對象，本班學員共計招收 25 人（9 位男性學員、16 女性學員），年齡為 23 歲至 55 歲之間，而職業別分佈廣泛，有科技大學學生，亦有退休公務人員。本課程為期 3 個月，共 36 小時的教學，學員修畢課程可獲得 2 學分。由於教學時間為每週一次，學員有足夠的非上課時間做自我學習。教師在每次上課後均利用 10 至 15 分鐘複習或隨機抽選出學員回答問題。

教學之方法為依據國外多位學者及國內學者的研究結果及建議，採用「K.K. 音標及自然發音合併教學法」。第一週至第三週教授 K.K. 音標相關基礎知識。第四週起教授自然發音課程，學生需先能認知出每一個英語單字的最小聲音單位「音素」（phoneme）。26 個字母由 A 到 Z 每個字母有其對照的音標及讀音，母音字母則會有一個以上的發音。由於自然發音有無法使學員學習到單字的超音段發音的限制，為了修正此缺失，在第十週及第十一週加入重音、輕音、聲調及句子音調等補充課程，課程內容規劃進度表如表 4-11 所示。

表4-11・自然發音課程進度表	
週次	課程內容大綱
1	K.K. 音標發音概論：無聲及有聲子音
2	K.K. 音標發音概論：短母音及長母音
3	K.K. 音標發音概論：半母音、雙母音及子音群
4	自然發音法：字母 A, B, C, D
5	自然發音法：字母 E, F, G, H
6	自然發音法：字母 I, J, K, L
7	自然發音法：字母 M, N, O, P
8	自然發音法：字母 Q, R, S, T, U
9	自然發音法：字母 V, W, X, Y, Z
10	音節劃分法、重音、輕音、首重音及次重音
11	標重音原則及句子語調練習
12	總複習及自然發音英語拼音測驗

　　而為了解學員參與自然發音課程後之學習滿意度，亦同時設計一份學習反應問卷調查表。學員在結束本課程後填寫此份調查表。共計發出 25 份問卷，回收 25 份。問卷內容分為四大類：課程規劃與教材內容、教師專業素養與溝通能力、教學設備及多媒體運用、學習者參與自然發音課程後之反應。以下再細分為 30 小項。衡量刻度則採用李克特（Likert）五點評量尺，依同意程度由高至低分別為非常同意（5 分）、同意（4 分）、普通（3 分）、不同意（2 分）及非常不同意（1 分），問卷內容如表 4-12 所示。

表4-12・學員學習滿意度問卷調查表

編號	課程規劃與教材內容
A_1	本課程整體安排上令人滿意
A_2	本課程教材內容豐富程度令人滿意
A_3	本課程教材內容難易度適中令人滿意
A_4	我對「聽音」練習學習過程感到滿意
A_5	我對「辨音」練習學習過程感到滿意
A_6	我對「拼音」練習學習過程感到滿意
	教師專業素養與溝通能力
B_1	我認為教師有足夠的發音專業素養
B_2	我認為教師講解課程很清楚
B_3	我認為教師能有效掌控課程進度
B_4	我認為教師有豐富的教學熱忱
B_5	我認為教師的發音清晰易懂、聲調令人滿意
B_6	我認為教師授課方式活潑生動
B_7	我認為教師上課能重視學生的反應
B_8	我認為教師能善用回饋以激勵學習士氣
B_9	我認為教師授課時能及時且適切的糾正錯誤發音
	教學設備及多媒體運用
C_1	我對教室內的科技設備感到滿意
C_2	我對多媒體輔助教材的操作感到滿意
C_3	我對多媒體輔助教材的學習活動感到滿意
C_4	我對多媒體輔助教材的畫面品質感到滿意
C_5	我對多媒體輔助教材的音效品質感到滿意
	參與自然發音課程後之反應
D_1	學習英語字彙變得有趣
D_2	提昇我對英語的學習意願
D_3	我的英語文學習信心大增
D_4	我能在短時間內背好單字
D_5	我的英語閱讀能力提昇
D_6	我的英語單字學習成效維持期延長
D_7	自學英語不再覺得恐懼
D_8	我會主動嘗試拼讀周遭的英語資訊
D_9	我能更正原有的發音缺失
D_{10}	我覺得發音規則太多，不易記憶

分析步驟

1. 建立原始序列：

   $x_1^{(0)} = (5, 5, 5, \cdots, 5, 5, 5)$, $x_2^{(0)} = (3, 3, 3, \cdots, 4, 4, 3)$, $x_3^{(0)} = (3, 3, 3, \cdots,$
   $4, 4, 3)$, $\cdots$, $x_{22}^{(0)} = (3, 3, 4, \cdots, 4, 4, 4)$。

2. 建立 AGO 序列

   $x_1^{(1)} = (5, 10, 15, \cdots, 105)$, $z_1^{(1)} = (--, 7.5, 12.5, \cdots, 102.5)$, $x_2^{(1)} = (3,$
   $6, 9, \cdots, 68)$, $\cdots$, $x_{22}^{(1)} = (3, 6, 9, \cdots, 73)$

3. 代入 GM(0, N) 之公式，可以得到表 4-13 的結果。

表4-13・分析後之權重值

編號	課程規劃與教材內容	權重值	排序
A_1	本課程整體安排上令人滿意	0.7007	2
A_2	本課程教材內容豐富程度令人滿意	0.7135	1
A_3	本課程教材內容難易度適中令人滿意	0.3503	4
A_4	我對「聽音」練習學習過程感到滿意	0.0630	5
A_5	我對「辨音」練習學習過程感到滿意	0.0473	6
A_6	我對「拼音」練習學習過程感到滿意	0.4130	3
	教師專業素養與溝通能力		
B_1	我認為教師有足夠的發音專業素養	0.2018	7
B_2	我認為教師講解課程很清楚	1.0731	1
B_3	我認為教師能有效掌控課程進度	0.3872	6
B_4	我認為教師有豐富的教學熱忱	0.6129	3
B_5	我認為教師的發音清晰易懂、聲調令人滿意	0.3987	5
B_6	我認為教師授課方式活潑生動	0.1183	8
B_7	我認為教師上課能有重視學生的反應	0.8052	2
B_8	我認為教師能善用回饋以激勵學習士氣	0.0500	9
B_9	我認為教師授課時能及時且適切的糾正錯誤發音	0.6122	4

編號	課程規劃與教材內容	權重值	排序
	教學設備及多媒體運用		
C_1	我對教室內的科技設備感到滿意	0.3962	2
C_2	我對多媒體輔助教材的操作感到滿意	0.0313	4
C_3	我對多媒體輔助教材的學習活動感到滿意	0.0252	5
C_4	我對多媒體輔助教材的畫面品質感到滿意	0.1611	3
C_5	我對多媒體輔助教材的音效品質感到滿意	0.7672	1
	參與自然發音課程後之反應		
D_1	學習英語字彙變得有趣	0.2917	6
D_2	提昇我對英語的學習意願	0.1468	8
D_3	我的英語文學習信心大增	0.5012	3
D_4	我能在短時間內背好單字	0.5772	2
D_5	我的英語閱讀能力提昇	0.1114	9
D_6	我的英語單字學習成效維持期延長	0.0171	10
D_7	自學英語不再覺得恐懼	0.6251	1
D_8	我會主動嘗試拼讀周遭的英語資訊	0.3714	5
D_9	我能更正原有的發音缺失	0.2903	7
D_{10}	我覺得發音規則太多，不易記憶	0.4025	4

4. 總結

　　本題所獲的之結果及建議為：在「課程規劃與教材內容」方面，以 A_2「本課程教材內容豐富程度令人滿意」之權重值最大，表示 D 社區大學自然發音課程學員對課程豐富的內容安排最為滿意。而在「教師專業素養與溝通能力」方面，則以 B_2「我認為教師講解課程很清楚」一項權重值最高，顯示學員認為任課教師的授課策略十分有效；此外，學員亦認為任課教師上課時有重視學生的反應，師生互動關係良好。至於「教學設備及多媒體運用」方面，以 C_5「我對多媒體輔助教材的音效品質感到滿意」一項之權重值最大，顯示出 D 社

區大學自然發音課程學員對於 D 社區大學所購買的多媒體輔助教材的音效品質方面感到最為滿意。最後，在「參與自然發音課程後之反應」方面，則以 D_7「參與課程後，自學英語不再覺得恐懼」一項權重值最大，意謂著學員對於未來面對英語時，不再害怕開口發聲；此外，D_4「參與課程後，我能在短時間內背好單字」一項之權重值為次高，顯示自然發音規則的習得對學員往後學習英語字彙時有很大的助力。此外，亦同時發現 A_5「我對「辨音」練習學習過程感到滿意」一項之權重值最小，顯示未來自然發音課程任課教師需要加強一些「單字與音素」差異性較大的相關練習，讓學員累積「辨音」經驗。為了改進 D_6「延長自身的單字學習成效維持期」的低權重，學員也需要在課後多加練習發音規則。至於教師方面，B_8「教師需經常善用回饋以激勵學員的學習士氣」權重值最小，有待加強；並且在授課方式方面，亦期待能更配合一些學習遊戲來加強活潑生動性。而在社區大學的教學設備及多媒體運用方面，多媒體輔助教材的學習活動（C_3）需要進一步提升。

4.3.4 可燃性混合溶液火災爆炸危害分析之影響因子權重分析—以苯和甲醇為例

　　臺灣地區石化業的發展歷經五十餘個年頭，迄今已臻成熟境界。其經由「逆向整合」的方式，由下游加工開始發展，逐漸產生對中上游石化產品的需求，在石化產品需求增加的情況下，石化工業廠的工安災害事件也相對的增加。近年來在台灣，根據統計資料顯示火災爆炸事件平均每月以 3～4 件之驚人的頻率發生，而由石化工業廠所

產生的火災及爆炸事件，即佔了全部火災爆炸事故中的 75.6%。在石化工業製程中所使用的化學物質，存在著許多無可避免的潛在危害，一旦有火災、爆炸及外洩事件，不僅對於工廠、建築物、生產設備、材料、原料和成品等造成嚴重毀損，往往對勞工亦造成相當嚴重之傷亡，若發生在人口稠密的地區，更有可能造成工廠附近民眾莫大的傷害。因此如何預防工業製程上火災爆炸的危害，以減低意外災害的發生，是預防工安事故的要點。近年來國內苯與甲醇的需求量逐年提昇，如圖 1 所示，因此，苯與甲醇於國內工安災害事故之風險也相對的提高，如何對安全防範作有效的評估，是目前相當重要的課題。

1. 苯與甲醇之介紹

苯與甲醇一般用於石化工業的上游製程，目前在工業界仍然將此兩種物質各別用於不同製程中，過去各別也曾有工安意外發生，甲醇部份例如：在 2001 年 05 月 18 日，福國化工新竹廠發生爆炸及人員傷亡的重大災害事件，經過環保署派員與協同地方環保人員及廠方調查事故起因，經過調查後瞭解，爐內主要物質為丙烯酸甲酯（Methyl Acrylate）1.5 噸及甲醇 1.09 噸，丙烯腈（Acrylonitrile）含量少於 1%（不到 20 公斤），爆炸前的丙烯醯胺（Acrylamide）已快用完，且尚未補料，而現場僅剩 500 公斤，因爆炸的儲槽內丙烯腈含量少於 1%，非屬列管毒性化學物質反應槽失控，因溫度昇高，槽內易燃蒸氣溢散，被點火而形成爆炸；而苯曾發生的意外事件是在 2003 年 6 月 11 日，瀋陽市一小型溶劑廠發生爆炸。一輛裝滿 15 噸工業苯的槽車因工人違規操作引發火災，火災造成 3 人受傷，其中 1 人受傷面積達 99%。主要是這家化工廠並沒有經過任何消防檢核手

續和任何消防設施，為了逃避消防部門的監督檢查，租用了一偏僻處的廠房違法進行生產、儲備、經營。工安意外災害歷歷在目，因此在使用任何一種化學物品之前，應該要充份瞭解其特性，尤其是具有爆炸性質的原料，要避免此類原料本身直接被引燃而爆炸，更要避免有些化學品有不相容性反應的危險發生。

2. 實驗設備及方法

20 升爆炸鋼球測試裝置如圖 4-2 所示。測試容器為不銹鋼所製之球體，球體內容積約為 20 公升，可承受之最大爆炸壓力為 39bara。球體內壁有一體積為 1.5 公升的夾層，其主要功能為藉由熱煤油循環作為溫度的調節，並達成恆溫作用，不僅能維持實驗所需溫度，並且能瞬間移除爆炸時所產生的熱量，使實驗能繼續進行。此儀器主要是依循美國標準測試方法 ASTM1226 及德國工程師組織 VDI2263 之相關物質火災爆炸特性之測試分

圖4-2・20 升爆炸鋼球之爆炸現象圖

析，此裝置可測試粉塵、可燃性氣體及揮發性液體之爆炸上限
（Upper Explosion Limit, UEL）、爆炸下限（Lower Explosion
Limit, LEL）、最低氧濃度（Minimum Oxygen Concentration,
MOC）、最大爆炸壓力（Maximum Explosion Overpressure,
P_{max}）、最大爆炸壓力上昇速率（Rate of Maximum Explosion
Pressure Rise, $(dP/dt)_{max}$）及爆炸特性常數（Gas or Vapor
Deflagration Index, K_g）。此裝置經由自行改良，可以適用於可
燃性氣體、揮發性液體的爆燃參數測試；除了利用 KSEP320
點火器（Ignitor）控制尖端放電、以及 KSEP332 壓力傳輸器
（Pressure Sensors）連接至電腦，以軟體操作與控制測試的結
果；並利用油浴槽以熱媒油昇溫至實驗所需之條件（約一小時
左右），再以真空泵打入鋼球之內襯緣壁，以利循環實驗中所
設定之溫度。

3. 爆炸上限（UEL）與爆炸下限（LEL）

(1) 取氣體蒸氣濃度 1vol.% 或 2vol.% 開始測試，先以大範圍
增加氣體蒸氣濃度來測試，每次增加 1vol.% 直至接近上
限點附近，再以每次增加 0.25vol.% 以進行測試，直至發
現連續三次以上均無法引爆的濃度為止，此即為爆炸上限
（UEL）。

(2) 接近下限點時，每次減少氣體濃度 0.25vol.% 直至發現連續
三次以上無法引爆的濃度為止，此即為爆炸下限（LEL），
判定是否產生爆炸現象的準則如表4-13所示。或者利用儀器
的視窗觀測是否有火光產生。如果產生尖端放電的現象，則
為無爆炸產生；假若有巨大的火光現象，甚至是巨響，則是

有爆炸的產生；倘若是產生一團火焰在尖端附近燃燒，卻無爆炸壓力讀數的產生，此現象仍然算是有燃燒爆炸的反應，則必須持續進行實驗，直到只觀察到尖端放電的現象才停止。

表4-13‧判定是否產生爆炸現象的準則			
IE* = 10J	爆炸過壓（P_{ex}）	正確爆炸過壓（P_m）	現象判定
爆炸上下限測試	< 0.1bar	< 0.1bar	無引爆現象
	$\geq$ 0.1bar	$\geq$ 0.1bar	有引爆現象

4. 最低需氧濃度（MOC）

(1) 首先以空氣中氧濃度為 21vol.% 為起點，有系統的降低氧濃度（如 17vol.%、15vol.% 依次遞減），直至發現引爆所需最低氧濃度為止。

(2) 在無引爆現象的氧濃度必須經過連續 5 次測試以確定不會產生爆炸現象。

(3) 以氮氣為惰性氣體，若採用不同的惰性物質，如 CO_2、H_2O 等，則將產生不同的實驗結果。

5. 最大爆炸壓力（P_{max}）、最大爆炸壓力上昇速率（$(dP/dt)_{max}$）及爆炸特性常數（K_g）

當實驗的起始濃度大於爆炸下限時，必須依系列性的增加或減少測試濃度 1vol.% 直至找出最大爆炸壓力、最大爆炸壓力上昇速率，經過三組系列的測試平均值即為所求。爆炸特性常數 K_g 可以由最大爆炸壓力上昇速率計算出，當求得 K_g 值後，可以利用表 4-14 判定出爆炸等級。

表4-14．爆炸等級分類與說明		
K_g 值（bar. m. sec^{-1}）	爆炸等級（St）	說　明
0	St-0	無爆炸現象
1～200	St-1	爆炸現象弱
201～300	St-2	爆炸現象強
300 以上	St-3	爆炸現象特別大

6. 實驗流程：將鋼球以油浴槽昇溫至實驗所需設定的溫度，並維持恆溫。

   (1) 先以真空泵清洗（Purge）三次，以確保鋼球內無其它廢氣。

   (2) 將鋼球抽真空至約 100torr.

   (3) 將苯、甲醇或混合物注入鋼球內（以苯為例，緩慢注入以確保苯液體完全蒸發）。

   (4) 靜置等待苯揮發達平衡，使真空壓力計的讀數達穩定狀態，再依據所需設定的初始壓力與氧濃度，打入氮氣與氧氣以達到實驗所設置之條件

   (5) 將測試條件，如苯濃度、含氧濃度、點火能量等條件，輸入電腦，然後靜置混合氣體使真空壓力計的讀數達穩定狀態，準備點火。

   (6) 反應完成後，打開左邊排氣閥洩放爆炸壓力。

   (7) 抽真空清洗 3 次，確保已將鋼球內廢氣排除乾淨。

   (8) 重覆上述步驟 3～8。

7. 實驗數值及結果分析

   不同溫度、壓力、含氧濃度，以及苯／甲醇混合物爆炸危害等級 Patterns 之實驗數值如表 4-15 所示。

No.	溫度℃	壓力 mm-Hg	含氧濃度%	苯／甲醇混合濃度	爆炸危害等級 Explosion class (St)
1	100	760	14	100/0	St-1
2	100	760	14	75/25	St-1
3	100	760	14	50/50	St-0
4	100	760	14	25/75	St-1
5	100	760	14	0/100	St-1
6	150	760	14	100/0	St-0
7	150	760	14	75/25	St-1
8	150	760	14	50/50	St-0
9	150	760	14	25/75	St-1
10	150	760	14	0/100	St-1
11	200	760	14	100/0	St-1
12	200	760	14	75/25	St-1
13	200	760	14	50/50	St-0
14	200	760	14	25/75	St-1
15	200	760	14	0/100	St-1
16	150	1520	14	100/0	St-1
17	150	1520	14	75/25	St-3
18	150	1520	14	50/50	St-2
19	150	1520	14	25/75	St-1
20	150	1520	14	0/100	St-3
21	100	760	17	100/0	St-1
22	100	760	17	75/25	St-1
23	100	760	17	50/50	St-1
24	100	760	17	25/75	St-1
25	100	760	17	0/100	St-1
26	150	760	17	100/0	St-1
27	150	760	17	75/25	St-1
28	150	760	17	50/50	St-1
29	150	760	17	25/75	St-1
30	150	760	17	0/100	St-1

表4-15・實驗之數值

No.	溫度℃	壓力 mm-Hg	含氧濃度%	苯／甲醇混合濃度	爆炸危害等級 Explosion class (St)
31	200	760	17	100/0	St-1
32	200	760	17	75/25	St-1
33	200	760	17	50/50	St-1
34	200	760	17	25/75	St-1
35	200	760	17	0/100	St-1
36	150	1520	17	100/0	St-2
37	150	1520	17	75/25	St-3
38	150	1520	17	50/50	St-3
39	150	1520	17	25/75	St-2
40	150	1520	17	0/100	St-3
41	100	760	21	100/0	St-1
42	100	760	21	75/25	St-1
43	100	760	21	50/50	St-1
44	100	760	21	25/75	St-1
45	100	760	21	0/100	St-1
46	150	760	21	100/0	St-1
47	150	760	21	75/25	St-1
48	150	760	21	50/50	St-1
49	150	760	21	25/75	St-1
50	150	760	21	0/100	St-1
51	200	760	21	100/0	St-1
52	200	760	21	75/25	St-1
53	200	760	21	50/50	St-1
54	200	760	21	25/75	St-1
55	200	760	21	0/100	St-1
56	150	1520	21	100/0	St-2
57	150	1520	21	75/25	St-3
58	150	1520	21	50/50	St-3
59	150	1520	21	25/75	St-3
60	150	1520	21	0/100	St-3

(1)數值離散化：首先將四項控制變因做離散化，如表4-16所示。

　i. 溫度 × 3：（100, 150, 200℃）依序為 1, 2, 3

　ii. 壓力 × 2：（760, 1520 mmHg）依序為 1, 2

　iii. 含氧濃度 × 至少3種（14, 17, 21 vol.%）依序為 1, 2, 3

　iv. 苯／甲醇混合濃度 × 5(100/0, 75/25, 50/50, 25/75, 0/100 *vol.*%) 依序為 1, 2, 3, 4, 5

表4-16．實驗數值離散化之結果

No.	溫度℃	壓力 mm-Hg	含氧濃度%	苯／甲醇 混合濃度	爆炸危害等級 Explosion class (St)
1	1	1	1	1	2
2	1	1	1	2	2
3	1	1	1	3	1
4	1	1	1	4	2
5	1	1	1	5	2
6	2	1	1	1	1
7	2	1	1	2	2
8	2	1	1	3	1
9	2	1	1	4	2
10	2	1	1	5	2
11	3	1	1	1	2
12	3	1	1	2	2
13	3	1	1	3	1
14	3	1	1	4	2
15	3	1	1	5	2
16	2	2	1	1	2
17	2	2	1	2	4
18	2	2	1	3	3
19	2	2	1	4	2

No.	溫度℃	壓力 mm-Hg	含氧濃度%	苯／甲醇 混合濃度	爆炸危害等級 Explosion class (St)
20	2	2	1	5	4
21	1	1	2	1	2
22	1	1	2	2	2
23	1	1	2	3	1
24	1	1	2	4	2
25	1	1	2	5	2
26	2	1	2	1	1
27	2	1	2	2	2
28	2	1	2	3	1
29	2	1	2	4	2
20	2	1	2	5	2
31	3	1	2	1	2
32	3	1	2	2	2
33	3	1	2	3	1
34	3	1	2	4	2
35	3	1	2	5	2
36	2	2	2	1	2
37	2	2	2	2	4
38	2	2	2	3	3
39	2	2	2	4	2
40	2	2	2	5	4
41	1	1	3	1	2
42	1	1	3	2	2
43	1	1	3	3	1
44	1	1	3	4	2
45	1	1	3	5	2
46	2	1	3	1	1
47	2	1	3	2	2
48	2	1	3	3	1

No.	溫度℃	壓力 mm-Hg	含氧濃度%	苯／甲醇 混合濃度	爆炸危害等級 Explosion class (St)
49	2	1	3	4	2
50	2	1	3	5	2
51	3	1	3	1	2
52	3	1	3	2	2
53	3	1	3	3	1
54	3	1	3	4	2
55	3	1	3	5	2
56	2	2	3	1	2
57	2	2	3	2	4
58	2	2	3	3	3
59	2	2	3	4	2
60	2	2	3	5	4

2. GM(0, N) 分析

代入 GM(0.N) 數學式中，可以求出各個因子的權重如表 4-17 所示。

表4-17・鋼球爆炸影響因子之權重

因子	溫度℃	壓力 mm-Hg	含氧濃度 %	苯／甲醇混合濃度
權重	0.0036	1.31	0.1192	0.0166

因此因子的排列為：壓力＞含氧濃度＞溫度＞苯／甲醇混合濃度。

4.3.5 皮膚生理系統因子權重分析

　　皮膚的狀況不能簡單的從肉眼看出，必須藉由專業儀器測量得知皮膚的生理特性，再用以判斷膚質的狀況。目前臨床上測試的儀器很多，但大部分皆是簡單分析皮膚特性，並未周詳做膚質之診斷及依其正常年齡之皮膚生理狀況做一分析。因為皮膚為人體最大的器官組織，除了提供人體的防護外，同時也反映出一個人的心理和生理狀態，因此本例題想藉以臨床不同案例膚質的生理狀態。包括皮膚的彈性、酸鹼值、油脂、色澤、水分及保濕能力等因子應用於皮膚生理評估系統因子權重之分析，做為往後醫學美容及美容研究相關領域之參考。

1. 皮膚生理檢測：醫學上臨床皮膚生理評估應用及分析如下

   (1) 檢測條件：檢測時之溫度 20±2℃，相對濕度 45±5%。此條件之下，可以測得最佳狀況，所以溫度及濕度須事先設定。

   (2) 檢測人數：取樣 50-70 人，涵蓋受測之範圍及測定之數據可供做統計分析處理。

   (3) 受測年齡層及性別：18-55 歲以內之女性為主。

   (4) 測定皮膚之部位：因不同皮膚部位會有不同角質水分、皮脂分泌量及皮膚色素等，本文以臉頰左右兩邊作為測定之部位，共檢測 3 次。

   (5) 受測部位皮膚之清潔：事先使用非酒精性乳液或清潔乳液擦洗，需等 3 小時讓皮膚恢復原狀，才可以檢測。

   (6) 皮膚性質：採用乾性皮膚、油性皮膚各半之人數，受測

3 次，但有過敏性皮膚者，必須排除在本實驗之外，不擬列入。

2. 皮膚之生理分析儀器

(1) 皮膚彈性（Cutometer）：利用超音波原理（聲納探測），因為彈力纖維組織交錯，所以每個測量點需要測量四個角度後再求平均值。

(2) 皮膚酸鹼值（PC Skin-pH-Meter 905 型）：以工業酸鹼值棒改良，利用專用軟體或液晶螢幕判讀結果。

(3) 皮脂分泌量（Sebumeter-810）：利用一種特殊的半透明紙材，遇油會變透明，愈油愈透明的特性。先將乾淨紙材送進紅外線感應區內起掃描一次，再將測量區域輕貼於欲測量區域，待機器指定之時間到達後，將吸附過皮脂的紙帶再送進紅外線感應區內掃描其透明度，即可以得知皮脂分泌量。

(4) 皮膚色素（Mexameter MX16 型）：利用光譜反射原理以全光譜測量 LAB 值，或設定某一波長測量黑色素及血紅素數值。

(5) 角質層含水量（Corneometer）：利用人體導電原理，對皮膚角質層施以電流，計算電阻值可以得到皮膚保溼數值。

(6) 經表皮散失之水分量（Tewameter）：利用一個非常敏感的微小晶片，捕捉皮膚散發出之水分子，藉以測量皮膚水份流失速率。

4. 評估指標

本文研究之指標共分五種，分別為皮膚彈力，皮膚酸鹼值，皮分泌量、皮膚色素及年齡，詳細說明如下所述。

1. 年齡：18-55 歲以內之女性為主，此項為輸出因子。

2. 皮膚生理檢測：皮膚彈力，皮膚酸鹼值，皮脂分泌量及皮膚
   色素四項為輸入因子。

5. 實際分析

   接著收集大量資料並做權重因子之分析，以臺灣中部地區之女
   性為主，共檢測 61 位受試者，年齡在 18-52 歲之間，將皮膚之
   生理數據之變數為分析因子，求出生理因子之權重，分析之原
   始數據如表 4-18 所示。

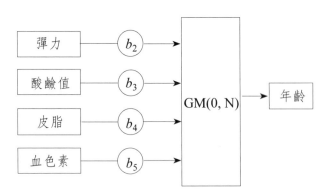

圖4-3・分析方塊圖

經由數學分析，將數據代入 GM(0, N) 之數學式中，可以得到不
同年齡之皮膚狀況，如表 4-19 所示。

編號	彈力 （Cutometer）	PH	皮脂 （Sebumeter）	血色素 （Mx16）	年齡
\multicolumn{6}{c}{表4-18・原始測量之數值}					
1	0.94	4.55	120	166	19
2	0.53	5.42	50	320	52
3	0.62	5.13	90	326	48
4	0.71	5.22	130	250	40
5	0.95	5.33	257	168	20
6	0.92	4.89	220	188	21
7	0.91	5.31	256	367	19
8	0.92	5.43	187	245	20
9	0.9	4.8	290	260	21
10	0.93	5.44	210	157	24
11	0.92	4.86	188	268	28
12	0.88	5.33	185	156	33
13	0.87	4.88	82	199	39
14	0.89	5.28	150	268	20
15	0.87	4.86	121	150	24
16	0.95	5.23	167	420	23
17	0.81	4.96	158	356	22
18	0.82	4.82	136	279	25
19	0.77	4.75	148	230	31
20	0.78	4.8	178	178	29
21	0.8	4.5	278	200	20
22	0.82	4.5	220	257	24
23	0.78	4.6	204	190	22
24	0.77	5.2	110	380	42
25	0.89	5.1	126	255	33
26	0.9	5.2	178	192	31
27	0.92	5	245	346	20
28	0.96	5.2	120	260	24
29	0.93	4.8	118	220	27
30	0.9	4.9	177	178	20

編號	彈力 （Cutometer）	PH	皮脂 （Sebumeter）	血色素 （Mx16）	年齡
31	0.82	5.02	82	256	46
32	0.9	5.8	110	295	42
33	0.76	4.9	125	299	40
34	0.7	5.21	133	360	38
35	0.77	5.73	178	267	22
36	0.72	5.89	146	229	24
37	0.82	5.32	166	268	25
38	0.77	4.48	155	220	20
39	0.71	4.89	147	255	21
40	0.92	4.34	194	288	21
41	0.89	4.88	188	245	21
42	0.71	4.97	134	210	23
43	0.72	5.9	169	278	22
44	0.97	4.9	220	250	20
45	0.8	5.2	120	245	40
46	0.66	5.23	79	288	36
47	0.84	4.55	120	340	28
48	0.62	4.78	135	338	26
49	0.54	4.65	188	255	25
50	0.67	6.66	89	228	23
51	0.86	5.7	143	167	23
52	0.88	5.38	157	198	24
53	0.76	5.88	140	217	25
54	0.78	5.95	114	142	24
55	0.82	6.15	227	192	22
56	0.66	5.78	120	152	25
57	0.72	5.72	89	160	23
58	0.62	5.9	129	160	24
59	0.83	5.68	256	227	28
60	0.62	5.79	124	232	23
61	0.75	5.45	156	142	24

表4-19・皮膚生理因子權重分析

因子	彈力	酸鹼值	皮脂	血色素
權重	28.93	0.6495	0.0548	0.0350
排序	I	II	III	IV

第 5 章

灰色統計聚類

5.1 灰量的白化權函數

設 $f(x)$ 為 x 的單調線性函數，其中 x 為灰量，並且 $f(x) \in [0, 1]$。則稱 $f(x)$ 為灰量 x 的白化權函數，其中 $f(x) = 1$ 寫為 f_{max}（亦即 $f_{max} = 1$），一般分成高、中及低三種形式。

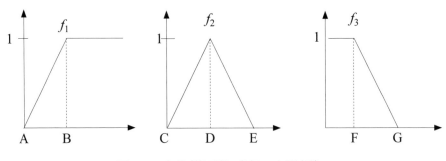

圖5-1・白化權函數（高、中及低）

5.2 灰色統計聚類

5.2.1 基本數學模型

定義1：$a_1, a_2, a_3, \cdots, a_m$ 為統計對象。

$b_1, b_2, b_3, \cdots, b_n$ 為統計指標。

$f_1, f_2, f_3, \cdots, f_l$ 為給定灰數的白化權函數，其中 $m, n, l \in N$。

實數 d_{ij} 為第 i 個統計對象對第 j 個統計指標的樣本數

值。亦即 $d_{ij}, 1 \leq i \leq m, 1 \leq j \leq n$

定義2：D 為以 d_{ij} 為元素之矩陣

$$D = \begin{bmatrix} d_{11} & d_{12} & \cdots & d_{1n} \\ d_{21} & d_{22} & \cdots & d_{2n} \\ \cdots & \cdots & \cdots & \cdots \\ d_{m1} & d_{m2} & \cdots & d_{mn} \end{bmatrix}$$ （5-1）

定義3：F 為一映射，$op[f_k(d_{ij})]$ 為 $f_k(d_{ij})$ 的運算

$$F: op[f_k(d_{ij})] \rightarrow \sigma_{jk} \in [0, 1]$$ （5-2）
$$k \in N, 1 \leq i \leq m, 1 \leq j \leq n$$

而得到：

$$\sigma_j = (\sigma_{j1}, \sigma_{j2}, \sigma_{j3}, \cdots, \sigma_{jl}), 1 \leq j \leq n$$ （5-3）

此時稱 σ_j 為權向量序列，F 稱為灰色統計。

5.2.2 灰色統計聚類之運算過程

灰色統計聚類的運算步驟如下所述。

1. 主觀地給定白化權函數 $f_1, f_2, f_3, \cdots, f_l$ 之數值。
2. 計算統計指標 j 對所有給定白化權函數的對應值：$f_k(d_{ij})$

$$\sum_{i=1}^{m} f_1 = f_1 \ (d_{1j}) + f_1 \ (d_{2j}) + f_1 \ (d_{3j}) + \cdots + f_1 \ (d_{mj})$$

$$\sum_{i=1}^{m} f_2 = f_2 \ (d_{1j}) + f_2 \ (d_{2j}) + f_2 \ (d_{3j}) + \cdots + f_2 \ (d_{mj})$$

$$\sum_{i=1}^{m} f_3 = f_3 \ (d_{1j}) + f_3 \ (d_{2j}) + f_3 \ (d_{3j}) + \cdots + f_3 \ (d_{mj}) \quad （5\text{-}4）$$

$$\cdots\cdots\cdots\cdots\cdots\cdots\cdots\cdots\cdots\cdots\cdots\cdots$$

$$\sum_{i=1}^{m} f_l = f_l \ (d_{1j}) + f_l \ (d_{2j}) + f_l \ (d_{3j}) + \cdots + f_l \ (d_{mj})$$

3. 計算所有給定白化權函數的對應值的總和：Σf

$$\Sigma f = \sum_{i=1}^{m} f_1 + \sum_{i=1}^{m} f_2 + \sum_{i=1}^{m} f_3 + \cdots + \sum_{i=1}^{m} f_l \quad （5\text{-}5）$$

4. 計算並正規化在統計指標 j 之下各個統計指標相對於給定白化權函數之權向量 σ_j

$$\sigma_{j1} = \frac{\sum\limits_{i=1}^{m} f_1}{\Sigma f}, \ \sigma_{j2} = \frac{\sum\limits_{i=1}^{m} f_2}{\Sigma f}, \cdots, \ \sigma_{jl} = \frac{\sum\limits_{i=1}^{m} f_l}{\Sigma f} \quad （5\text{-}6）$$

5. 取權向量 σ_j 之最大值（maximum value），即為該統計對象相對之統計灰類。

$$\text{max.}(\sigma_j) = \text{max.}(\sigma_{j1}, \ \sigma_{j2}, \ \sigma_{j3}, \cdots, \ \sigma_{jl}) \quad （5\text{-}7）$$

6. 重複 (1) 至 (5) 的步驟，依此類推可以求出其它統計對象之統計灰類類別。

7. 由統計灰類的結果中，可以得知各個灰類在全體中所佔的百分比。

5.2.3 實例分析：學生測驗成績分析

根據灰色統計聚類的數學模式，基本條件為：

1. 分析之對象為三年級第三類組（94 年畢業班，醫農類），302 班（47 位學生），303 班（47 位學生），304 班（46 位學生），305 班（45 位學生）及 306 班（42 位學生）共五個班。

2. 統計指標為，國文、英文、數學、化學、物理及生物的考試平均成績（六種）。

3. 統計灰類為高標，中標及低標三類。

4. 相對之白化權函數以正常之分數分佈為準則，分成 f_1（高標），f_2（中標）及 f_3（低標）三種。

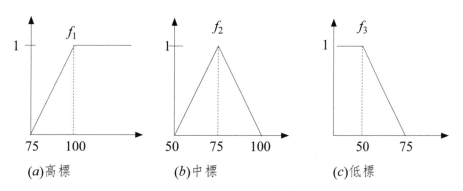

圖5-2・成績分佈之白化權函數

5. 根據考試結果，如表 5-1 及表 5-2 所示。

表5-1・第一次月考成績

	國文	英文	數學	化學	物理	生物
301 班	70.1	62.5	55.7	76.6	79.6	56.9
302 班	69.3	59.1	51.4	75.2	83.4	54.0
303 班	67.9	60.9	56.5	70.3	81.0	57.8
304 班	71.2	59.6	59.1	76.2	82.3	55.9
305 班	68.7	67.7	58.5	69.7	81.1	57.3

表5-2・第二次月考成績

	國文	英文	數學	化學	物理	生物
301 班	62.6	64.6	78.7	63.2	68.7	64.4
302 班	55.3	61.9	77.9	62.5	70.5	58.6
303 班	57.2	66.1	74.4	65.9	69.5	65.6
304 班	66.7	57.9	80.9	60.7	65.6	58.4
305 班	60.8	71.3	81.1	65.3	70.4	63.4

第一次月考成績之樣本值矩陣

$$d = \begin{bmatrix} 70.1 & 62.5 & 55.7 & 76.6 & 79.6 & 56.9 \\ 69.3 & 59.1 & 51.4 & 75.2 & 83.4 & 54.0 \\ 67.9 & 60.9 & 56.5 & 70.3 & 81.0 & 57.8 \\ 71.2 & 59.6 & 59.1 & 76.2 & 82.3 & 55.9 \\ 68.7 & 67.7 & 58.5 & 69.7 & 81.1 & 57.3 \end{bmatrix}$$

第二次月考成績之樣本值矩陣

$$d = \begin{bmatrix} 62.6 & 64.6 & 78.7 & 63.2 & 68.7 & 64.4 \\ 55.3 & 61.9 & 77.9 & 62.5 & 70.5 & 58.6 \\ 57.2 & 66.1 & 74.4 & 65.9 & 69.5 & 65.6 \\ 66.7 & 57.9 & 80.9 & 60.7 & 65.6 & 58.4 \\ 60.8 & 71.3 & 81.1 & 65.3 & 70.4 & 63.4 \end{bmatrix}$$

計算第一次月考

1. 求國文成績之灰色統計：參考給定之白化權函數 f_1（高），f_2（中）及 f_3（低）。

    (1) 計算統計指標 1：求出國文成績對所有給定白化權函數的對應值：$f_k(d_{ij})$

    $$\sum_{i=1}^{5} f_1 = f_1(70.1) + f_1(69.3) + f_1(67.9) + f_1(71.2) + f_1(68.7)$$
    $$= 0.0000 + 0.0000 + 0.0000 + 0.0000 + 0.0000 = 0.0000$$

    $$\sum_{i=1}^{5} f_2 = f_2(70.1) + f_2(69.3) + f_2(67.9) + f_2(71.2) + f_2(68.7)$$
    $$= 0.8040 + 0.7600 + 0.7160 + 0.8480 + 0.7480 = 3.8760$$

    $$\sum_{i=1}^{5} f_3 = f_3(70.1) + f_3(69.3) + f_3(67.9) + f_3(71.2) + f_3(68.7)$$
    $$= 0.1960 + 0.2400 + 0.2840 + 0.1520 + 0.2520 = 1.1240$$

    (2) 計算所有給定白化權函數的對應值的總和

    $$\Sigma f = \sum_{i=1}^{5} f_1 + \sum_{i=1}^{5} f_2 + \sum_{i=1}^{5} f_3 = 0.0000 + 3.8760 + 1.1240 = 5.0000$$

    (3) 計算在統計指標 1 之下各個統計指標相對於給定白化權函數之權向量 σ_j

    $$\sigma_1 = \frac{0.0000}{5.0000} = 0.0000, \ \sigma_2 = \frac{3.8760}{5.0000} = 0.7752, \ \sigma_3 = \frac{1.1240}{5.0000} = 0.2248$$

    (4) 取權向量 σ_j 之最大值，即為該統計對象的統計灰類類別。

    $$\max.(\sigma_1) = \max.(0.0000, 0.7752, 0.2248) = 0.7752 = \sigma_{12}（中標）$$

2. 求英文成績之灰色統計：參考給定之白化權函數 f_1（高），f_2（中）及 f_3（低）。

    (1) 計算統計指標 2：求出英文成績對所有給定白化權函數的對應值：$f_k(d_{ij})$

$$\sum_{i=1}^{5} f_1 = f_1(62.5) + f_1(59.1) + f_1(60.9) + f_1(59.6) + f_1(67.7)$$
$$= 0.0000 + 0.0000 + 0.0000 + 0.0000 + 0.0000 = 0.0000$$

$$\sum_{i=1}^{5} f_2 = f_2(62.5) + f_2(59.1) + f_2(60.9) + f_2(59.6) + f_2(67.7)$$
$$= 0.5000 + 0.3640 + 0.4360 + 0.3840 + 0.7080 = 2.3920$$

$$\sum_{i=1}^{5} f_3 = f_3(62.5) + f_3(59.1) + f_3(60.9) + f_3(59.6) + f_3(67.7)$$
$$= 0.5000 + 0.6360 + 0.5640 + 0.6160 + 0.2920 = 2.6080$$

(2) 計算所有給定白化權函數的對應值的總和

$$\sum f = \sum_{i=1}^{5} f_1 + \sum_{i=1}^{5} f_2 + \sum_{i=1}^{5} f_3 = 0.0000 + 2.3920 + 2.6080 = 5.0000$$

(3) 計算在統計指標 2 之下各個統計指標相對於給定白化權函數之權向量 σ_j

$$\sigma_1 = \frac{0.0000}{5.0000} = 0.0000, \ \sigma_2 = \frac{2.3920}{5.0000} = 0.4784, \ \sigma_3 = \frac{2.6080}{5.0000} = 0.5216$$

(4) 取權向量 σ_j 之最大值,即為該統計對象的統計灰類類別。

$$\max.(\sigma_2) = \max.(0.0000, 0.4784, 0.5216) = 0.5216 = \sigma_{23}(低標)$$

3. 求數學成績之灰色統計:參考給定之白化權函數 f_1(高),f_2(中)及 f_3(低)。

(1) 計算統計指標 3:求出數學成績對所有給定白化權函數的對應值:$f_k(d_{ij})$

$$\sum_{i=1}^{5} f_1 = f_1(55.7) + f_1(51.4) + f_1(56.5) + f_1(59.1) + f_1(58.5)$$
$$= 0.0000 + 0.0000 + 0.0000 + 0.0000 + 0.0000 = 0.0000$$

$$\sum_{i=1}^{5} f_2 = f_2(55.7) + f_2(51.4) + f_2(56.5) + f_2(59.1) + f_2(58.5)$$
$$= 0.2280 + 0.0560 + 0.2600 + 0.3640 + 0.3400 = 1.2480$$

$$\sum_{i=1}^{5} f_3 = f_3(55.7) + f_3(51.4) + f_3(56.5) + f_3(59.1) + f_3(58.5)$$

$$= 0.7720 + 0.9440 + 0.7400 + 0.6360 + 0.6600 = 3.7520$$

(2) 計算所有給定白化權函數的對應值的總和

$$\sum f = \sum_{i=1}^{5} f_1 + \sum_{i=1}^{5} f_2 + \sum_{i=1}^{5} f_3 = 0.0000 + 1.2480 + 3.7520 = 5.0000$$

(3) 計算在統計指標 3 之下各個統計指標相對於給定白化權函數之權向量 σ_j

$$\sigma_1 = \frac{0.0000}{5.0000} = 0.0000, \; \sigma_2 = \frac{1.2480}{5.0000} = 0.2496, \; \sigma_3 = \frac{3.7520}{5.0000} = 0.7504$$

(4) 取權向量 σ_j 之最大值,即為該統計對象的統計灰類類別。

$$\max.(\sigma_3) = \max.(0.0000, 0.2496, 0.7504) = 0.7504 = \sigma_{33}(\text{低標})$$

4. 求化學成績之灰色統計:參考給定之白化權函數 f_1(高),f_2(中)及 f_3(低)。

   (1) 計算統計指標 4,求出化學成績對所有給定白化權函數的對應值:$f_k(d_{ij})$

$$\sum_{i=1}^{5} f_1 = f_1(76.6) + f_1(75.2) + f_1(70.3) + f_1(76.2) + f_1(69.7)$$
$$= 0.0640 + 0.0080 + 0.0000 + 0.0480 + 0.0000 = 0.1200$$

$$\sum_{i=1}^{5} f_2 = f_2(76.6) + f_2(75.2) + f_2(70.3) + f_2(76.2) + f_2(69.7)$$
$$= 0.9360 + 0.9920 + 0.8120 + 0.9520 + 0.7880 = 4.4800$$

$$\sum_{i=1}^{5} f_3 = f_3(76.6) + f_3(75.2) + f_3(70.3) + f_3(76.2) + f_3(69.7)$$
$$= 0.0000 + 0.0000 + 0.1880 + 0.0000 + 0.2120 = 0.4000$$

   (2) 計算所有給定白化權函數的對應值的總和

$$\sum f = \sum_{i=1}^{5} f_1 + \sum_{i=1}^{5} f_2 + \sum_{i=1}^{5} f_3 = 0.1200 + 4.4800 + 0.4000 = 5.0000$$

(3) 計算在統計指標 4 之下各個統計指標相對於給定白化權函數之權向量 σ_j

$$\sigma_1 = \frac{0.1200}{5.0000} = 0.0240, \ \sigma_2 = \frac{4.4800}{5.0000} = 0.8960, \ \sigma_3 = \frac{0.4000}{5.0000} = 0.0800$$

(4) 取權向量 σ_j 之最大值，即為該統計對象的統計灰類類別。

$$\max.(\sigma_4) = \max.(0.0240, 0.8960, 0.0800) = 0.8960 = \sigma_{42} \ （中標）$$

5. 求物理成績之灰色統計：參考給定之白化權函數 f_1（高），f_2（中）及 f_3（低）。

(1) 計算統計指標 5：求出物理成績對所有給定白化權函數的對應值：$f_k(d_{ij})$

$$\sum_{i=1}^{5} f_1 = f_1(79.6) + f_1(83.4) + f_1(81.0) + f_1(82.3) + f_1(81.1)$$

$$= 0.1840 + 0.3360 + 0.2400 + 0.2920 + 0.2440 = 1.2960$$

$$\sum_{i=1}^{5} f_2 = f_2(79.6) + f_2(83.4) + f_2(81.0) + f_2(82.3) + f_2(81.1)$$

$$= 0.8160 + 0.6640 + 0.7600 + 0.7080 + 0.7560 = 3.7040$$

$$\sum_{i=1}^{5} f_3 = f_3(79.6) + f_3(83.4) + f_3(81.0) + f_3(82.3) + f_3(81.1)$$

$$= 0.0000 + 0.0000 + 0.0000 + 0.0000 + 0.0000 = 0.0000$$

(2) 計算所有給定白化權函數的對應值的總和

$$\sum f = \sum_{i=1}^{5} f_1 + \sum_{i=1}^{5} f_2 + \sum_{i=1}^{5} f_3 = 1.2960 + 3.7040 + 0.0000 = 5.0000$$

(3) 計算在統計指標 5 之下各個統計指標相對於給定白化權函數之權向量 σ_j

$$\sigma_1 = \frac{1.2960}{5.0000} = 0.2592, \ \sigma_2 = \frac{3.7040}{5.0000} = 0.7408, \ \sigma_3 = \frac{0.0000}{5.0000} = 0.0000$$

(4) 取權向量 σ_j 之最大值，即為該統計對象的統計灰類類別。

$$\max.(\sigma_5) = \max.(0.7408, 0.2592, 0.0000) = 0.7408 = \sigma_{51} \ （高標）$$

6. 求生物成績之灰色統計：參考給定之白化權函數 f_1（高），f_2（中）及 f_3（低）。

    (1) 計算統計指標 6：求出生物成績對所有給定白化權函數的對應值：$f_k(d_{ij})$

$$\sum_{i=1}^{5} f_1 = f_1(56.9) + f_1(54.0) + f_1(57.8) + f_1(55.9) + f_1(57.3)$$

$$= 0.0000 + 0.0000 + 0.0000 + 0.0000 + 0.0000 = 0.0000$$

$$\sum_{i=1}^{5} f_2 = f_2(56.9) + f_2(54.0) + f_2(57.8) + f_2(55.9) + f_2(57.3)$$

$$= 0.2760 + 0.1600 + 0.3120 + 0.2360 + 0.2920 = 1.2760$$

$$\sum_{i=1}^{5} f_3 = f_3(56.9) + f_3(54.0) + f_3(57.8) + f_3(55.9) + f_3(57.3)$$

$$= 0.7240 + 0.8400 + 0.6880 + 0.7640 + 0.7080 = 3.7240$$

    (2) 計算所有給定白化權函數的對應值的總和

$$\Sigma f = \sum_{i=1}^{5} f_1 + \sum_{i=1}^{5} f_2 + \sum_{i=1}^{5} f_3 = 0.0000 + 1.2760 + 3.7240 = 5.0000$$

    (3) 計算在統計指標 6 之下各個統計指標相對於給定白化權函數之權向量 σ_j

$$\sigma_1 = \frac{0.0000}{5.0000} = 0.0000, \ \sigma_2 = \frac{1.2760}{5.0000} = 0.2552, \ \sigma_3 = \frac{3.7240}{5.0000} = 0.7448$$

    (4) 取權向量 σ_j 之最大值，即為該統計對象的統計灰類類別。

$$\text{max.}(\sigma_6) = \text{max.}(0.0000, 0.2552, 0.7448) = 0.7448 = \sigma_{63} \ （低標）$$

計算第二次月考

1. 求國文成績之灰色統計：參考給定之白化權函數 f_1（高），f_2（中）及 f_3（低）。

    (1) 計算統計指標 1：求出國文成績對所有給定白化權函數的對應值：$f_k(d_{ij})$

$$\sum_{i=1}^{5} f_1 = f_1(62.6) + f_1(55.3) + f_1(57.2) + f_1(66.7) + f_1(60.8)$$

$$= 0.0000 + 0.000 + 0.0000 + 0.000 + 0.0000 = 0.0000$$

$$\sum_{i=1}^{5} f_2 = f_2(62.6) + f_2(55.3) + f_2(57.2) + f_2(66.7) + f_2(60.8)$$

$$= 0.5040 + 0.2120 + 0.2880 + 0.6680 + 0.4320 = 2.1040$$

$$\sum_{i=1}^{5} f_3 = f_3(62.6) + f_3(55.3) + f_3(57.2) + f_3(66.7) + f_3(60.8)$$

$$= 0.4960 + 0.7880 + 0.7120 + 0.3320 + 0.5680 = 2.8960$$

(2) 計算所有給定白化權函數的對應值的總和

$$\sum f = \sum_{i=1}^{5} f_1 + \sum_{i=1}^{5} f_2 + \sum_{i=1}^{5} f_3 = 0.0000 + 2.104 + 02.8960 = 5.0000$$

(3) 計算在統計指標 1 之下各個統計指標相對於給定白化權函數
之權向量 σ_j

$$\sigma_1 = \frac{0.0000}{5.0000} = 0.0000, \sigma_2 = \frac{2.1040}{5.0000} = 0.4208, \sigma_3 = \frac{2.8960}{5.0000} = 0.5792$$

(4) 取權向量 σ_j 之最大值,即為該統計對象的統計灰類類別。

$$\max.(\sigma_1) = \max.(0.1911, 0.4208, 0.5792) = 0.5792 = \sigma_{13}（低標）$$

2. 求英文成績之灰色統計:同理

(1) 計算統計指標 2:求出英文成績對所有給定白化權函數的對
應值:$f_k(d_{ij})$

$$\sum_{i=1}^{5} f_1 = f_1(64.6) + f_1(61.9) + f_1(66.1) + f_1(57.9) + f_1(71.3)$$

$$= 0.0000 + 0.000 + 0.0000 + 0.000 + 0.0000 = 0.0000$$

$$\sum_{i=1}^{5} f_2 = f_2(64.6) + f_2(61.9) + f_2(66.1) + f_2(57.9) + f_2(71.3)$$

$$= 0.5840 + 0.4760 + 0.6440 + 0.3160 + 0.8520 = 2.8720$$

$$\sum_{i=1}^{5} f_3 = f_3(64.6) + f_3(61.9) + f_3(66.1) + f_3(57.9) + f_3(71.3)$$

$$= 0.4160 + 0.5240 + 0.3560 + 0.6840 + 0.1480 = 2.1280$$

(2) 計算所有給定白化權函數的對應值的總和

$$\Sigma f = \sum_{i=1}^{5} f_1 + \sum_{i=1}^{5} f_2 + \sum_{i=1}^{5} f_3 = 0.0000 + 2.8720 + 2.1280 = 5.0000$$

(3) 計算在統計指標2之下各個統計指標相對於給定白化權函數之權向量 σ_j

$$\sigma_1 = \frac{0.0000}{5.0000} = 0.0000, \sigma_2 = \frac{2.8720}{5.0000} = 0.5744, \sigma_3 = \frac{2.2180}{5.0000} = 0.4256$$

(4) 取權向量 σ_j 之最大值，即為該統計對象的統計灰類類別。

$$\max.(\sigma_2) = \max.(0.0000, 0.5744, 0.4256) = 0.5744 = \sigma_{22} （中標）$$

3. 求數學成績之灰色統計：同理

(1) 計算統計指標 3：求出數學成績對所有給定白化權函數的對應值：$f_k(d_{ij})$

$$\sum_{i=1}^{5} f_1 = f_1(78.7) + f_1(77.9) + f_1(74.4) + f_1(80.9) + f_1(81.1)$$

$$= 0.1480 + 0.1160 + 0.0000 + 0.2360 + 0.2440 = 0.7440$$

$$\sum_{i=1}^{5} f_2 = f_2(78.7) + f_2(77.9) + f_2(74.4) + f_2(80.9) + f_2(81.1)$$

$$= 0.8520 + 0.8840 + 0.9760 + 0.7640 + 0.7560 = 4.2320$$

$$\sum_{i=1}^{5} f_3 = f_3(78.7) + f_3(77.9) + f_3(74.4) + f_3(80.9) + f_3(81.1)$$

$$= 0.0000 + 0.0000 + 0.0240 + 0.0000 + 0.0000 = 0.0240$$

(2) 計算所有給定白化權函數的對應值的總和

$$\Sigma f = \sum_{i=1}^{5} f_1 + \sum_{i=1}^{5} f_2 + \sum_{i=1}^{5} f_3 = 0.7440 + 4.2320 + 0.0240 = 5.0000$$

(3) 計算在統計指標 3 之下各個統計指標相對於給定白化權函數之權向量 σ_j

$$\sigma_1 = \frac{0.7440}{5.0000} = 0.1488, \sigma_2 = \frac{4.2320}{5.0000} = 0.8464, \sigma_3 = \frac{0.0240}{5.0000} = 0.0048$$

(4) 取權向量 σ_j 之最大值，即為該統計對象的統計灰類類別。

$$\max.(\sigma_3) = \max.(0.1488, 0.8464, 0.0048) = 0.8464 = \sigma_{32}（中標）$$

4. 求化學成績之灰色統計：同理

(1) 計算統計指標 4：求出化學成績對所有給定白化權函數的對應值：$f_k(d_{ij})$

$$\sum_{i=1}^{5} f_1 = f_1(63.2) + f_1(62.5) + f_1(65.9) + f_1(60.7) + f_1(65.3)$$
$$= 0.0000 + 0.000 + 0.0000 + 0.000 + 0.0000 = 0.0000$$

$$\sum_{i=1}^{5} f_2 = f_2(63.2) + f_2(62.5) + f_2(65.9) + f_2(60.7) + f_2(65.3)$$
$$= 0.5280 + 0.5000 + 0.6360 + 0.4280 + 0.6120 = 2.7040$$

$$\sum_{i=1}^{5} f_3 = f_3(63.2) + f_3(62.5) + f_3(65.9) + f_3(60.7) + f_3(65.3)$$
$$= 0.4720 + 0.5000 + 0.3640 + 0.5720 + 0.3880 = 2.2960$$

(2) 計算所有給定白化權函數的對應值的總和

$$\Sigma f = \sum_{i=1}^{5} f_1 + \sum_{i=1}^{5} f_2 + \sum_{i=1}^{5} f_3 = 0.0000 + 2.7040 + 2.2960 = 5.0000$$

(3) 計算在統計指標 4 之下各個統計指標相對於給定白化權函數之權向量 σ_j

$$\sigma_1 = \frac{0.0000}{5.0000} = 0.0000, \sigma_2 = \frac{2.7040}{5.0000} = 0.5408, \sigma_3 = \frac{2.2960}{5.0000} = 0.4592$$

(4) 取權向量 σ_j 之最大值，即為該統計對象的統計灰類類別。

$$\max.(\sigma_4) = \max.(0.0000, 0.5408, 0.4592) = 0.5408 = \sigma_{42}（中標）$$

5. 求物理成績之灰色統計：同理

(1) 計算統計指標 5：求出物理成績對所有給定白化權函數的對

應值：$f_k(d_{ij})$

$$\sum_{i=1}^{5} f_1 = f_1(68.7) + f_1(70.5) + f_1(69.5) + f_1(65.6) + f_1(70.4)$$

$$= 0.0000 + 0.0000 + 0.0000 + 0.0000 + 0.0000 = 0.0000$$

$$\sum_{i=1}^{5} f_2 = f_2(68.7) + f_2(70.5) + f_2(69.5) + f_2(65.6) + f_2(70.4)$$

$$= 0.7520 + 0.8200 + 0.7800 + 0.6240 + 0.8160 = 3.7920$$

$$\sum_{i=1}^{5} f_3 = f_3(68.7) + f_3(70.5) + f_3(69.5) + f_3(65.6) + f_3(70.4)$$

$$= 0.2480 + 0.1800 + 0.2200 + 0.3760 + 0.1840 = 1.2080$$

(2) 計算所有給定白化權函數的對應值的總和

$$\Sigma f = \sum_{i=1}^{5} f_1 + \sum_{i=1}^{5} f_2 + \sum_{i=1}^{5} f_3 = 0.0000 + 3.7920 + 1.2080 = 5.0000$$

(3) 計算在統計指標 5 之下各個統計指標相對於給定白化權函數之權向量 σ_j

$$\sigma_1 = \frac{0.0000}{5.0000} = 0.0000, \ \sigma_2 = \frac{3.7920}{5.0000} = 0.7584, \ \sigma_3 = \frac{1.2080}{5.0000} = 0.2416$$

(4) 取權向量 σ_j 之最大值，即為該統計對象的統計灰類類別。

$$\max.(\sigma_5) = \max.(0.0000, 0.7584, 0.2416) = 0.7584 = \sigma_{52}（中標）$$

6. 求生物成績之灰色統計：同理

(1) 計算統計指標 6：求出生物成績對所有給定白化權函數的對應值：$f_k(d_{ij})$

$$\sum_{i=1}^{5} f_1 = f_1(64.4) + f_1(58.6) + f_1(65.6) + f_1(58.4) + f_1(63.4)$$

$$= 0.000 + 0.000 + 0.0000 + 0.000 + 0.0000 = 0.0000$$

$$\sum_{i=1}^{5} f_2 = f_2(64.4) + f_2(58.6) + f_2(65.6) + f_2(58.4) + f_2(63.4)$$

$$= 0.5760 + 0.3440 + 0.6240 + 0.3360 + 0.5360 = 2.4160$$

$$\sum_{i=1}^{5} f_3 = f_3(64.4) + f_3(58.6) + f_3(65.6) + f_3(58.4) + f_3(63.4)$$

$$= 0.4240 + 0.6560 + 0.3760 + 0.6640 + 0.4640 = 2.5840$$

(2) 計算所有給定白化權函數的對應值的總和

$$\Sigma f = \sum_{i=1}^{5} f_1 + \sum_{i=1}^{5} f_2 + \sum_{i=1}^{5} f_3 = 0.0000 + 2.4160 + 2.5840 = 5.0000$$

(3) 計算在統計指標 6 之下各個統計指標相對於給定白化權函數之權向量 σ_j

$$\sigma_1 = \frac{0.0000}{5.0000} = 0.0000, \ \sigma_2 = \frac{2.4160}{5.0000} = 0.4832, \ \sigma_3 = \frac{2.5840}{5.0000} = 0.5168$$

(4) 取權向量 σ_j 之最大值,即為該統計對象的統計灰類類別。

$$\text{max.}(\sigma_6) = \text{max.}(0.0000, 0.4832, 0.5168) = 0.5168 = \sigma_{63} \text{（低標）}$$

如果將前述表 5-1 及表 5-2 二次月考各科目成績,利用傳統加總平均之方式分析並予以等第區分,結果如表 5-3 所示。

表5-3・利用傳統加總平均分析之結果

科目	第一次月考	等第	第二次月考	等第
國文	(70.1 + 69.3 + 67.9 + 71.2 + 68.7)/5 = 69.44	丙	(62.6 + 55.3 + 57.2 + 66.7 + 60.8)/5 = 60.5	丙
英文	(62.5 + 59.1 + 60.9 + 59.6 + 67.7)/5 = 61.96	丙	(64.6 + 61.9 + 66.6 + 57.9 + 71.3)/5 = 64.4	丙
數學	(55.7 + 51.4 + 56.5 + 59.1 + 58.5)/5 = 56.24	丁	(78.7 + 77.9 + 74.4 + 80.9 + 81.1)/5 = 78.6	乙
化學	(76.6 + 75.2 + 70.3 + 76.2 + 69.7)/5 = 73.60	乙	(63.2 + 62.5 + 65.9 + 60.7 + 65.3)/5 = 63.5	丙
物理	(79.6 + 83.4 + 81.0 + 82.3 + 81.1)/5 = 81.48	甲	(68.7 + 70.5 + 69.5 + 65.6 + 70.4)/5 = 68.9	丙
生物	(56.9 + 54.0 + 57.8 + 55.9 + 57.3)/5 = 56.38	丁	(64.4 + 58.6 + 65.6 + 58.4 + 63.4)/5 = 62.1	丙

另外使用標準偏差的方式，結果如表 5-4 所示。

表5-4·利用標準偏差分析之結果

科目	第一次月考	結果	第二次月考	結果
國文	1.287245	I	4.496332	IV
英文	13.46814	III	4.975741	IV
數學	3.044339	II	2.723968	II
化學	3.332417	II	2.117073	I
物理	1.437707	I	2.005742	I
生物	1.502332	I	3.360357	III

將上述灰色統計聚類分析的結果彙總得到表 5-5，此種分析方式除了可以很客觀的給定高、中及低標的數值分類之外也可以得到各個標準之下的百分比分佈範圍，比起表 5-3 及表 5-4 的分析方式要有意義得多了。

表5-5·利用灰色統計聚類分析之結果

科目／分類	第一次月考平均成績			第二次月考平均成績		
	高標 (%)	中標 (%)	低標 (%)	高標 (%)	中標 (%)	低標 (%)
國文	0.0000	0.7752	0.2248	0.0000	0.4208	0.5792
英文	0.0000	0.4784	0.5216	0.0000	0.5744	0.4256
數學	0.0000	0.2496	0.7504	0.1488	0.8464	0.0048
化學	0.0240	0.8960	0.0800	0.0000	0.5408	0.4592
物理	0.7408	0.2592	0.0000	0.0000	0.7576	0.2424
生物	0.0000	0.2552	0.7488	0.0000	0.4832	0.5168

附錄A 機率統計、模糊理論及灰色理論的差異性

本節以簡單的方式，並參考機率統計及模糊理論的定義，將機率統計、模糊理論及灰色理論的做一個簡單的比較（部份節錄自1998年於中國武漢舉行第九次全國灰色系統研討會論文集）。

A-1 以本質內函而言

＊機率統計：由無限多及無限規律的數據情況下所造成的不確定狀態。

＊模糊理論：由認知上的不足夠所造成的不確定狀態。

＊灰色理論：由少數據的情況下所造成的不確定狀態。

A-2 以所依據的數學基礎而言

＊機率統計：利用康托集（Cantor set），只有 0 和 1 的集合，元素的特徵值只具有：是 1 及非 0 的特性。

＊模糊理論：利用模糊集（Fuzzy set），處於 0 至 1 之間的集合，元素的特徵值可以取 0 到 1 之間的任意值。

＊灰色理論：利用朦朧集（Hazy set），在一確定的命題下，利

用不斷補充內部資訊的方式，將不明確的狀態逐漸的變成明確，包含了康托集的 [0,1] 及模糊集的 0 至 1 的兩種特性。

A-3　以所使用的數學運算方式而言

＊機率統計：利用統計（statistics）的運算方式。

＊模糊理論：利用模糊推論（Inference）中取大（∨：Maximum）及取小（∧：Minimum）的運算方式。

＊灰色理論：利用灰生成及灰關聯的運算方式。

A-4　以所需要的數據多寡而言

＊機率統計：由於是解決多數據大樣本之不確定，因此需要龐大的數據。

＊模糊理論：由於是解決人類之認知，因此數據為憑經驗給定。

＊灰色理論：由於是解決少數據小樣本之不確定，因此只需要四個數據即可。

A-5 以所需要的數據分佈而言

＊機率統計：由於是多數據，因此需要典型的分佈（typical distribution），例如離散式的二項分佈及泊松分佈，連續型的常態分佈等等。

＊模糊理論：由於是認知，因此利用歸屬函數（membership function）做數據分佈。

＊灰色理論：由於少數據，因此不可能構成分佈狀態，所以可以為任意分佈。

A-6 以所需要完成的目標而言

＊機率統計：由於目標為歷史的統計規律，因此完成的目標為現實及非現實的規律。

＊模糊理論：由於是使用語意認知，完成的目標為認知的表達。

＊灰色理論：由於現實的少數據環境，完成的目標為現實的規律狀況。

綜合以上的比較，我們將結果其列於表 A-1 之中。

表A-1‧機率統計、模糊理論及灰色理論的差異性			
比較之項目及差異性	機率統計	模糊理論	灰色理論
1.本質內函	大樣本且不確定	認知上不確定	小樣本且不確定
2.數學基礎	康托集	模糊集	灰朦朧集
3.數學運算方式	統計方法	取邊界值	生成方法
4.數據多寡	多數據狀態	經驗數值狀態	少數據狀態
5.數據分佈	典型的分佈	函數的分佈	任意的分佈
6.完成的目標	歷史的統計規律	認知的表達	現實的規律

附錄B　灰色理論相關書籍

1. Ju-Long Deng, 1982, Control Problems of Grey System, System and Control Letters, North Holland.
2. 鄧聚龍，1988，灰色系統基本方法，華中理工大學出版社，中國。
3. Ju-Long Deng, 1988, Essential Topics on Grey System: Theory And Application, China Ocean Press.
4. 袁嘉祖，1991，灰色系統理論及其應用，科學出版社，中國。
5. 傅立，1991，灰色系統理論及其應用，科學技術文獻出版社，中國。
6. 鄧聚龍，1992，灰數學引論—灰色朦朧集，華中理工大學出版社，中國。
7. 鄧聚龍，1992，灰色系統理論教程，華中理工大學出版社，中國。
8. 徐忠祥，吳國平，1993，灰色系統理論與礦床灰色預測，中國地質大學出版社，中國。
9. 史開泉，吳國威，黃有評，1994，灰色信息關係論，全華科技圖書公司，台灣。
10. 鄧聚龍，郭洪，1996，灰預測原理及應用，全華圖書公司，台灣。
11. 鄧聚龍，1996，灰色系統新進展，華中理工大學出版社，中國。
12. 吳漢雄，鄧聚龍，溫坤禮，1996，灰色分析入門，高立圖書公司，台灣。
13. 江金山，吳佩玲，蔣祥第，張廷政，詹福賜，張軒庭，溫坤禮，1998，灰色理論入門，高立圖書公司，台灣。
14. 鄧聚龍，郭洪，溫坤禮，張廷政，張偉哲，1999，灰預測模型方法與應用，高立圖書公司，台灣。
15. 鄧聚龍，2000，灰色系統理論與應用，高立圖書公司，台灣。
16. 張偉哲，溫坤禮，張廷政，2000，灰關聯模型方法與應用，高立圖書公司，台灣。
17. 翁慶昌，陳嘉懁，賴宏仁，2001，灰色系統基本方法及其應用，高立圖書公司，台灣。

18. 林進財，鄧聚龍，2002，灰理論中的灰信息包，高立圖書公司，台灣。

19. 溫坤禮，黃宜豐，陳繁雄，李元秉，連志峰，賴家瑞，2002，灰預測原理與應用，全華圖書公司，台灣。

20. 溫坤禮，黃宜豐，張偉哲，張廷政，游美利，賴家瑞，2003，灰關聯模型方法與應用，高立圖書公司，台灣。

21. Kun-Li Wen, 2004, Grey Systems Modeling And Prediction, Yang's Scientific Research Institute, USA.

22. 劉思峰，党耀國，方志耕，2004，灰色系統理論及其應用，北京科學出版社。

23. 永井正武，山口大輔，2004，わかる灰色理論と工学応用方法。共立出版社，日本。

24. 溫坤禮，張簡士琨，葉鎮愷，王建文，林慧珊，2006，Matlab 於灰色系統理論的應用，全華圖書公司。

25. 溫坤禮，趙忠賢，張宏志，陳曉瑩，溫惠筑，2009，灰色理論，五南圖書公司。

26. Journal of Chinese Grey System, vol. 1~vol. 15, 1998~2012, Taiwan.

27. 中華民國灰色系統學會，灰色理論與應用研討會論文集，第一屆至第十七屆研討會，1996年～2012年，中華民國灰色系統學會。

28. The Journal of Grey System Theory, vol. 1~vol. 24, 1989~2012, China.

29. Preceedings of IEEE System, Man and Cybernetics Conference, 1998~2012.

附錄C　灰色理論國內相關之博碩士論文

　　灰色系統理論於 1993 年由大同大學資工系引進台灣，台灣即有研究所之論文以灰色系統理論為研究方向，在本節中將 1996 年至今之相關之博碩士論文列出以做參考（本文部份節錄自政治大學圖書館之博碩士論文檔案）。

1996 年

1. 應用模糊多準則決策分析法改良品質屋，梁家福，中央大學工業管理研究所。
2. 灰色數學在彩色影像重建上之應用，陶吉文，中央大學機械所碩士論文。
3. 灰色系統理論於產品開發設計決策之應用研究，陳威竹，成功大學工業設計研究所。
4. 灰階人臉辨識之研究，黃俊欽，交通大學資訊科學研究所。
5. 電氣式射出成形機人機介面之研究，張立勇，台灣工業技術學院機械工程技術研究所。

1997 年

1. 區間性線性規劃與網路規劃模式之研究，李智新，台灣大學農業工程學系研究所。

2. 灰色建模於類神經網路之研究及應用於感應馬達驅動系統，黃秀容，成功大學工程研究所。

3. 航空公司服務品質評估之研究，張育維，成功大學交通管理科學研究所。

4. 兩岸海運直航貨運量預測與分佈之研究，陳垂彥，成功大學交通管理科學研究所。

5. 反算法與灰色理論於熱彎板過程中熱源反算及溫度預測之應用，陳俊榮，成功大學造船工程研究所。

6. 石油及天然氣礦區蘊藏量估算之研究，張峻彬，成功大學資源工程研究所。

7. 物元理論與其在工程上之應用，謝無雙，成功大學機械工程研究所。

8. 應用灰色理論於綠色生產規劃管理之研究，吳嘉欽，成功大學環境工程研究所。

9. 房地產景氣預測之研究，賴怡誠，中央大學土木工程研究所。

10. 台灣地區資訊電子產業產品生命週期探討及展望，黃淇竣，中央大學資訊管理研究所。

11. 灰色系統理論之研究暨其於影像邊界搜尋及壓縮上之應用，溫坤禮，中央大學機械工程研究所。

12. 灰色預測在感應馬達速度控制上之應用，廖憲呈，中央大學電機工程研究所控制組。

13. 應用灰色理論預測營建物價與營造工程物價指數，麥聖偉，中興大學土木工程研究所。

14. 水庫建造營運對下游非拘限含水層之影響—以牡丹水庫為例，謝

明錫，屏東科技大學土木工程技術研究所。

15.以橢圓形法則與灰色建模方法逼近模糊系統，彭美娜，大同工學院資訊工程研究所。

16.灰色與簡化模糊系統之設計與應用，朱鴻棋，大同工學院資訊工程研究所。

17.灰關聯度之研究分析與其應用，柯凱天，大同工學院電機工程研究所。

18.整合灰色理論與類神經網路於預測模型之建立—以 SIMEX 台灣股價指數期貨為例，陳弘彬，義守大學管理科學研究所。

1998 年

1. 台灣加權股價指數預測—灰色預測之運用，唐宜楷，台灣大學財務金融學研究所。

2. 利用灰關聯分析辨認多變量製程管制失控之特殊變因，王有志，交通大學工業工程與管理研究所。

3. 結合型灰色動態規劃於水庫操作之研究，李鴻祺，中興大學土木工程研究所。

4. 網路多人互動式虛擬環境上未知狀態推測演算法之研究，沈敦蔚，成功大學工程科研究所。

5. 產品造形與質感對產品意象的影響研究，劉鎮源，成功大學工業設計研究所。

6. 灰色理論在產品造形與色彩設計決策上的應用研究，陳雍正，成功大學工業設計研究所。

7. 灰色理論應用於地層下陷之預測周孟科，成功大學水利及海洋工程研究所。

8. 灰色系統與類神經網路在水文過程之預測，黃顯琇，成功大學水利及海洋工程研究所。

9. 台南都會區大眾運輸技術選擇之研究—兼論輕軌運輸系統之適用性，楊庸昇，成功大學交通管理研究所。

10. 航空公司經營管理對飛航安全水準之影響，萬怡灼，成功大學交通管理研究所。

11. 灰色理論應用於三維密閉空間主動噪音控制之研究，劉志河，成功大學造船及船舶機械工程研究所。

12. 應用灰色系統於誤差預測模型之研究，孫裕銘，台灣科技大學工程技術研究所自動化及控制學程研究所。

13. 野外未飽和土壤入滲機制實驗及模擬研究，陳健安，雲林科技大學環境與安全工程技術研究所。

14. 灰關聯分析在食品科技上之應用，蘇育民，屏東科技大學食品科學研究所。

15. 灰預測建模於寡佔廠商之賽局評量—台灣水泥產業個案分析—，蔡群立，彰化師範大學商業教育研究所。

16. 台灣地區火力發電廠不同燃料在符合環境法規下之成本分析，李依慧，逢甲大學土木及水利工程研究所。

17. IBM 主機系統資源之模糊灰色預測，施奇宏，淡江大學資訊工程研究所。

18. 應用灰色理論於 IC 批號辨識，蔡賜郎，元智大學工業工程研究所。

19. 製程設計的改善評估模式，張清亮，中華大學工業工程與管理研究所。

20. 境外航運中心貨物運輸需求之研究，鄭仲凱，長榮管理學院經營管理研究所。

21. 上市公司財務績效指標灰色預測模式之研究，何怡慧，長榮管理學院經營管理研究所。

22. 灰色理論為基礎之影像邊緣偵測，張耀明，中原大學電子工程研究所。

23. 應用灰色預測理論與類神經網路於企業財務危機預警模式之研究，李俊毅，義守大學管理科學研究所。

24. 電漿電弧銲參數最佳化之研究—田口與類神經網路之應用，徐立章，義守大學管理科學研究所。

25. 整合類神經網路及灰色理論於國內上櫃股價指數預測模式建立之研究，謝企榮，義守大學管理科學研究所。

26. 灰色理論於共同基金動能策略與績效持續性，唐宜立，銘傳大學金融研究所。

27. 台灣地區商業銀行之經營績效評估—灰色關聯度與因素分析法之應用，蔡相如，銘傳大學管理科學研究所。

28. 股票與認購權證買賣點預測模式之實證研究—以仁寶與大信 01 為例，蘇碩遠，銘傳大學管理科學研究所。

29. 台、港、滬兩岸三地百貨公司消費者行為之比較研究—模糊與灰色理論之應用，詹惠君，東吳大學企業管理研究所。

1999 年

1. 建設公司資本結構最適化之研究，周業修，台灣大學土木工程學研究所。

2. 應用灰色理論於五軸動態量測之研究，賴建安，台灣科技大學工程技術研究所自動化及控制學程研究所。

3. 基於灰色關聯分析之影像壓縮研究，張皓鈞，台灣科技大學資訊工程研究所。

4. 灰關聯度應用於網頁代理伺服器之快取取代策略，陳奎鈞，台灣科技大學電子工程研究所。

5. 灰色系統的應用及其使用於預測研究，林昌本，台灣科技大學電機工程研究所。

6. 灰色理論及類神經網路應用於雲林地區地層下陷之研究，許乃文，成功大學土木工程研究所。

7. 最佳化設計概念於產品造形設計上之應用研究，陳淵琛，成功大學工業設計研究所。

8. 模糊理論應用於地層下陷之預測，留英龍，成功大學水利及海洋工程研究所。

9. 區域雨量分析與降雨—逕流預報之研究，陳嘉榮，成功大學水利及海洋工程研究所。

10. 灰色產業關聯模型應用於二氧化碳減量策略之衝擊評估，張子見，成功大學環境工程研究所。

11. 台灣地區橡膠製品業能源消費與二氧化碳減量潛力分析，趙怡姍，成功大學環境工程研究所。

12. 石化產業二氧化碳減量模型建構與衝擊評估——灰色預測與模糊目標規劃之應用，李正豐，成功大學環境工程研究所。

13. 以資料發掘技術規劃技職校院課程查詢網站之研究，黃釗田，台灣師範大學工業教育研究所。

14. 灰色模糊動態規劃於水庫即時操作之應用，陳頌平，中興大學土木工程研究所。

15. 台灣合板產業營運之評估，黃健能，中興大學森林研究所。

16. 應用灰色系統理論建立茶葉產銷預測系統之研究，廖世裕，中興大學農產運銷研究所。

17. 台灣鯖鰺魚價格預測之研究，梁玉瑾，中興大學農業經濟研究所。

18. 區域水資源永續利用評量與評價方法之研究—以濁水溪流域為例，謝志光，海洋大學河海工程研究所。

19. 高速銑削之定值切削力研究，翁偉宏，海洋大學機械與輪機工程研究所。

20. 灰色分析階層程序法之建構與應用，陳宗文，台北大學資源管理研究所。

21. 灰色系統演算法—視窗教材研究，李易叡，彰化師範大學商業教育研究所。

22. 台北市國際觀光旅館餐飲業從業人員服務品質之研究，邱超群，台北科技大學生產系統工程與管理研究所。

23. 供應鏈長鞭效應因應政策之研究，鄭穎聰，台北科技大學生產系統工程與管理研究所。

24. 感應電動機向量控制驅動系統之模糊灰色預測控制器設計，蔡育

南，台北科技大學機電整合研究所。

25.灰色理論在岩體分類之分析應用，林聖雄，台北科技大學材料及資源工程研究所。

26.技術採用生命週期之購買行為探討—以印表機為例，黃莉君，雲林科技大學資訊管理研究所。

27.智慧型控制系統發展策略之研究，李永隆，中正理工學院兵器系統工程研究所。

28.工業區污水處理廠擴充最佳策略之研究，郭卜菁，逢甲大學土木及水利工程研究所。

29.整合灰預測及類神經網路模型研究股市盤後期貨價格之資訊內涵：以摩根台股指數及日經225指數為例，劉嘉鴻，輔仁大學金融研究所。

30.灰色需求預測模式之研究——以易腐性商品為例，呂柏賢，東海大學工業工程研究所。

31.探討多種學習方法之模糊控制系統設計，馮玄明，淡江大學資訊工程研究所。

32.移動式起重機過負荷預防裝置之模糊灰預測控制研究，張嘉峰，淡江大學機械工程研究所。

33.灰色理論為基礎之影像邊緣偵測，張耀明，中原大學電子所。

34.高等教育預算編列模式之探討，藍玉華，中華大學工業工程與管理研究所。

35.我國機場餐飲區服務品質績效之評估——以中正國際機場為例，林炯光，中華大學工業工程與管理研究所。

36.股價指數價格預測與避險操作—熵預測模型與灰預測模型之應

用，楊森傑，銘傳大學金融研究所。

37. 多屬性決策方法之分析比較，陳忠平，銘傳大學管理科學研究所。

38. 灰理論應用於人體計測資料庫數據驗證研究，林昱宏，大葉大學工業工程研究所。

39. 物流服務品質評估決策系統設計之研究，俞宏昌，大葉大學資訊管理研究所。

40. 可維修產品保證期滿之最佳使用期限與修理次數之研究，朱美芬，華梵大學工業管理研究所。

2000 年

1. 衛星遙測與灰系統理論應用於水稻營養生長期之監測，楊志維，台灣大學農藝學研究所。

2. 鯉魚潭水庫集水區地景變遷之研究，鄧國禎，台灣大學森林學研究所。

3. 斜率灰色模式與一維灰色地下水流分析，葉一隆，台灣大學農業工程學研究所。

4. 以整數小波轉換及灰色理論為基礎的漸進式影像壓縮，王凱億，中央大學資訊工程研究所。

5. 應用灰關聯分析方法於嬰幼兒汽車安全之舒適度探討與評價模式建立，葉哲維，成功大學工業設計研究所。

6. 自組非線性系統應用於地層下陷之預測，吳俊逸，成功大學水利及海洋工程研究所。

7. 雨量預報模式之研究與視窗化，吳哲全，成功大學水利及海洋工程研究所。

8. 灰色預測理論應用於板厚量測最佳精度之研究，黃在田，成功大學造船及船舶機械工程研究所。

9. 台灣地區塑膠原料業產業經濟與二氧化碳排放關聯分析，王懷德，成功大學環境工程研究所。

10. 台灣地區人造纖維業產業經濟分析及產品結構優化研究，呂政霖，成功大學環境工程研究所。

11. 台灣地區塑膠製品業產業經濟與二氧化碳排放關聯分析，鄭尹菀，成功大學環境工程研究所。

12. 灣雞蛋產地價格預警系統—灰色理論之應用，羅雍盛，中興大學農產運銷研究所。

13. 結合灰色理論與模糊控制之空調系統舒適及節能之研究，藍宏智，彰化師範大學工業教育研究所。

14. 灰關聯分析與灰預測理論應用在鉛酸電池快速充電系統之研究，胡源泉，彰化師範大學工業教育研究所。

15. 應用灰色模糊理論於自由曲面快速量測之研究，游順德，台灣科技大學工程技術研究所自動化及控制學程研究所。

16. 光罩式快速原型系統之灰預測模糊控制研究，汪偉恩，台灣科技大學工程技術研究所自動化及控制學程研究所。

17. 台灣股價指數期貨套利之研究—類神經網路與灰色理論之應用，黃雅蘭，台灣科技大學資訊管理研究所。

18. 企業經營績效排名之預測—灰色關聯分析與類神經網路之應用，盧靜怡，台灣科技大學資訊管理研究所。

19. 台灣股票市場之 GRG 分析，吳典庚，台灣科技大學電機工程研究所。

20. 山坡地開發工程影響因子評估與處置策略之研究，余壬癸，台灣科技大學營建工程研究所。

21. 顧客關係管理於電子商務應用之互動與相關係研究，陳惠良，台北科技大學生產系統工程與管理研究所。

22. 無轉軸量測器感應機向量驅動系統之差分型模糊灰色預測控制器設計，陳詩豪，台北科技大學機電整合研究所。

23. 整合 PID 控制、模糊與灰色方法做磁浮系統控制，黃榮發，台北科技大學電腦通訊與控制研究所。

24. 以灰色理論為基礎運用立體視覺做室內自動車導航之研究，鄭惟元，台北科技大學電腦通訊與控制研究所。

25. 灰關聯分析應用於教師教學評量分析之研究，廖翊廷，台北科技大學技術及職業教育研究所。

26. 類神經網路與灰關聯分析應用於 UASB 處理程序出流水質預測之研究，陳建助，雲林科技大學環境與安全工程研究所。

27. 應用灰色理論與模糊控制建構及時電力需量控制系統，陳建宏，高雄第一科技大學機械與自動化工程研究所。

28. 灰色模糊控制器在 PH 程序控制之應用，鍾朝欽，屏東科技大學食品科學研究所。

29. 台灣地區鳳梨零售價格預測之研究—灰預測、類神經網路與預測組合之應用，唐淑娟，屏東科技大學農企業管理研究所。

30. 應用最小、正好視覺扭曲度與安全編碼模型之影像浮水印技術，郭俊廷，東海大學資訊科學研究所。

31.可拓模糊模型之設計及其應用，陳鴻進，大同大學資訊工程研究所。

32.應用灰色理論於平面磨削表面粗糙度與磨輪修整週期之預測研究，黃偉誠，大同大學機械工程研究所。

33.泛用型自動插件機之結構分析及改進設計，林弘宗，淡江大學機械工程研究所。

34.灰色理論在電鍍廢水處理上之行為預測與其因子之灰色關聯分析，歐仁信，元智大學機械工程研究所。

35.灰色系統與模糊理論在旬入流量預測之研究，廖珩毅，中原大學土木工程研究所。

36.在總量管制下工業區污水處理廠之擴充策略，謝毓玲，逢甲大學環境工程與科學研究所。

37.多層次灰色預測方法—以國軍軍官考績評鑑為例，李昌明，國防管理學院資源管理研究所。

38.共同基金績效評估與淨值預測—灰色系統理論之運用，楊修懿，大葉大學事業經營研究所。

39.匯率變動預測模式之研究，施向陽，大葉大學事業經營研究所。

40.金融機構顧客滿意度評量模式之研究，許俊雄，銘傳大學金融研究所。

41.台灣地區中等教育師資人力供需之研究，蔡玉雯，銘傳大學管理科學研究所。

42.台灣地區醫師人力供需之研究—灰色預測模式之應用，韓季霖，銘傳大學管理科學研究所。

43.國內綜合證券商經營績效之評估—主成分分析及灰色關聯分析之

應用，羅一忠，銘傳大學金融研究所。

2001 年

1. 美國股市與台灣股市關連性研究—VAR、GARCH 與灰關聯分析之
   應用，游梓堯，台灣科技大學資訊管理研究所。
2. 架構於自動圖資及設備管理系統之配電變壓器負載預測法，李昇
   達，台灣科技大學電機工程研究所。
3. 灰關聯分析應用於教師教學評量分析之研究，廖翊廷，臺北科技大
   學技術及職業教育研究所。
4. 具灰色效能評斷單元之加強式學習架構，李魁元，中正大學電機工
   程研究所。
5. 應用灰色理論建構兩岸軍事衝突危機預測量表之研究，楊容驊，國
   防管理學院國防決策科學研究所。
6. 灰色預測理論應用於汽車產業預測之研究—以台灣、大陸市場為
   例，趙嬙，朝陽科技大學企業管理研究所。
7. 多屬性決策方法之模擬分析比較，張淑卿，銘傳大學管理科學研究
   所。
8. 房貸灰色信用風險管理模式之建立與應用，楊適予，銘傳大學管理
   科學研究所。
9. 台灣電子業績效評比—灰關聯分析與資料包絡法之應用與比較，張
   力友，銘傳大學金融研究所。
10. 利用灰色理論於選題策略之研究，黃家輝，義守大學資訊工程學
    所。

11.應用類神經網路於股票技術指標聚類與預測分析之研究，尤明偉，義守大學工業管理研究所。

12.半導體產業選擇通路商之研究—灰層級分析法之應用，張翊丹，大葉大學工業關係研究所。

13.創業投資公司之經營績效評估——灰關聯分析之應用，李亦達，大葉大學事業經營研究所。

14.創業投資公司對投資案評估準則之灰層級分析，王麒博，大葉大學事業經營研究所。

15.創投盈餘轉投資之灰色控制探討，陳育睿，大葉大學事業經營研究所。

2002 年

1. 結合 PCA 與灰色理論之人臉辨識系統，倪豐洲，交通大學電機與控制工程研究所。

2. 航空公司機隊規劃之航機採購／汰換時程之研究，劉素妙，交通大學運輸科技與管理究所。

3. 灰色理論應用於屏東地區地下水位變化之研究，陳芝企，成功大學地球科學研究所。

4. 灰關聯度追蹤策略應用於個人通訊系統，左自正，台灣科技大學電子所。

5. 高效能向量控制系統之灰決策預測控制器設計，劉儀德，台北科技大學機電整合研究所。

6. 高效能向量控制系統之模糊灰色預測控制器設計，黃忠祺，台北科技大學機電整合研究所。

7. 應用灰色控制系統於銀行營運之研究—以中華開發工業銀行為例，賴富珍，彰化師範大學商業教育研究所。

8. 灰關聯於影像處理上之應用，許碩修，淡江大學航空太空工程所熱流組。

9. 灰色預測理論應用於電子遊戲產業預測之研究—以台灣市場為例，莊昆益，朝陽科技大學企業管理研究所。

10. 灰色理論於短期銷售預測之適用性探討，李順益，義守大學資訊工程研究所。

2003 年

1. PC/ABS 合膠機械性質之射出成型條件最佳化，黃臣鴻，中央大學機械工程研究所。

2. 應用灰色預測於高速公路事件自動偵測之研究，王秀帆，中央大學土木工程研究所。

3. 簡灰法之研究與應用，尹達，中央大學機械工程研究所。

4. 電子商務應用於國內雞蛋產銷之研究，陳俊明，中興大學生物產業機電工程研究所。

5. 枯旱期水庫入流量預測模式之研究，劉敏梧，中興大學土木工程研究所。

6. 運用混合式決策模式在個人化產品薦購之研究，郭俊佑，政治大學資訊管理研究所。

7. 定值磨拋削力控制之研究，盧建禎，台灣海洋大學機械與輪機工程研究所。

8. 定子直接磁場導向系統之灰決策控制器設計，巫國琳，台北科技大學電機工程研究所。

9. 自由含水層地下水位預測模型之建立（斗六地區），黃皇嘉，雲林科技大學環境與安全工程研究所。

10. 同步磁阻馬達灰色模糊滑動模式速度控制，張宏鳴，雲林科技大學電機工程研究所。

11. 灰色模糊控制器於船舶航向控制之應用，黃世昌，屏東科技大學機械工程研究所。

12. 灰色模糊控制器於船舶航向控制之應用，黃世昌，屏東科技大學機械工程研究所。

13. 台灣生物科技類型公司績效指標擷取與排名預測之研究灰色系統理論之應用，莊豐光，國防管理學院國防財務資源管理研究所。

14. 製程之多重品質特性研究，陳榮星，國防管理學院後勤管理研究所。

15. 水資源預測及規劃之研究，劉德忠，國防大學國防管理學院資源管理研究所。

16. 灰色預策應用於國軍醫院臨床軍醫人力供需預測之研究，馮承豹，國防大學國防管理學院資源管理研究所。

17. 全國性預防接種疫苗最適化採購預測模式建立之研究，陳盛儀，私立輔仁大學資訊管理研究所。

18. 電腦零組件零售市場價格預測模式之研究，鄭秀芬，私立輔仁大學資訊管理研究所。

19. 灰色模型與倒傳遞網路在付費語音資訊服務之分析與應用，謝文杰，大同大學資訊工程研究所。

20. 應用灰色系統理論建構本土型道路噪音預測模式之研究，陳健銘，逢甲大學環境工程與科學研究所。

21. 灰色系統理論應用於空港型關聯產業成長因素與預測之研究，曹文建，逢甲大學土地管理研究所。

22. 以灰色規劃來分析在空氣品質限制下火力發電廠擴充策略之研究，王玲英，逢甲大學環境工程與科學研究所。

23. 車輛智慧形電能管理系統之研究，戴瑞言，大葉大學車輛工程學研究所。

24. GA-PID 模糊控制器應用於灰訊號源之追蹤與設計，廖添文，大葉大學電機工程研究所。

25. 灰關聯分析結合田口參數設計運用於逆向工程點群資料處理之研究，柯俊宏，大葉大學自動化工程學所。

26. 植基於灰色理論之物流中心運量預測與途程規劃研究，吳嘉斌，實踐大學企業管理研究所。

27. 灰色理論應用於台電公司人力需求預測，潘美秋，私立南華大學管理研究所。

28. 台灣地區銀行業經營績效評估—權重方法與灰色關聯度分析法之應用，陳錦芬，銘傳大學財務金融研究所。

29. 灰色預測理論應用於汽車產業預測之研究—以台灣、大陸市場為例，趙嬙，朝陽科技大學企業管理研究所。

2004 年

1. 應用熵權重法與灰色理論於產品設計之研究，蘇永裕，成功大學工業設計研究所。

2. 灰模型最佳化研究與灰預測模糊控制器之實現，林國煌，成功大學電機研究所。

3. 應用灰色理論於產品網路評價互動模式之發展一以 PDA 產品行銷網為例，陳怡舜，成功大學工程設計研究所。

4. 灰色理論於公司財務危機分析，蔡松林，台灣科技大學資訊工程研究所。

5. 灰色系統、模糊理論與約略集理論於權變投資組合保險策略之應用，賴佩君，台灣科技大學資訊管理學研究所。

6. 灰色系統在商情預測上之研究，徐桂祥，雲林技術學院資訊管理技術研究所。

7. 營建專案執行階段之績效評估研究一驗證 PDRI 模式之可行性，許家豪，雲林科技大學營建工程研究所。

8. 台灣地區各縣市汽機車持有模式之建立，孫珮珊，暨南國際大學土木工程研究所。

9. 以灰色系統理論建立系統風險之評估模式一以道瓊工業綜合指數為例，黃凱揚，屏東科技大學企業管理研究所。

10. 台灣地區麻醉專科醫師人力供需之研究灰色預測模型之應用與問題原因之探討，何始生，長庚大學醫務管理研究所。

11. 台灣地區麻醉專科醫師人力供需之研究—灰色預測模型之應用與問題原因之探討，何始生，長庚大學醫務管理學研究所。

12. 灰色與簡化模糊系統之設計與應用，朱鴻棋，大同工學院資訊工程研究所。

13. 灰色預測與人工智慧技術在促使電信業者營收確保之應用，楊修平，大同大學資訊工程研究所。

14. 旬流量預測模式之分析與評比—以高屏溪為例，楊美美，逢甲大學水利工程研究所。

15. 以灰色系統理論來分析水庫污染防治策略之研究，蔣昌琪，逢甲大學環境工程與科學研究所。

16. 供應鏈管理績效指標—以電子業為例，李得銓，逢甲大學工業工程研究所。

17. 模糊倒傳遞網路於印刷電路板生產預測之應用，郭秀敏，元智大學工業工程與管理研究所，

18. 應用灰關聯分析於醫學中心醫師激勵制度最佳化之研究，朱怡蓁，朝陽科技大學企業管理研究所。

19. 灰色系統理論與系統動力學之應用—以污水處理廠為例，黃信智，朝陽科技大學環境工程與管理研究所。

20. 灰關聯分析與 TOPSIS 方法應用於企業經營績效評估之研究，徐若倩，義守大學資訊工程研究所。

21. 灰色預測理論應用於國人出國觀光需求預測之研究，左家毓，義守大學管理研究所。

22. 結合灰色預測之數位可變結構控制，李水來，義守大學電機工程研究所。

23. 運用灰模型 GM(1, 1) 預測稅收之研究，邱文法，義守大學資訊工程研究所，逢甲大學環境工程與科學研究所。

24.整合灰色預測與 Black-Scholes 定價理論之類神經預測模型，應用於衍生性金融商品—認購權證，林金慶，中華大學資訊管理學所。

25.應用灰色理論預測新上市之生技保健食品銷售量，陳彥琴，成功大學工業與資訊管理學研究所。

26.醫療服務業人力需求分析，陳淑真，高雄師範大學工業科技教育研究所。

27.郵政業人力需求分析，李賢興，高雄師範大學工業科技教育研究所。

28.高效能向量控制系統之灰決策預測控制器設計，劉儀德，台北科技大學機電整合研究所。

29.服務品質對顧客忠誠度與經營績效之關聯度研究—以台灣行動通訊市場為例，游情連，朝陽科技大學企業管理所。

2005 年

1. 應用模糊德菲層級分析法與灰關聯分析法評價警察人員工作壓力之研究—以雲林縣警察局為例，何靜雯，中央警察大學資訊管理研究所。

2. 不動產估價之灰色模型，秦宇康，中興大學土木工程學系所。

3. 整合神經網路與灰色理論之預測模型設計，吳綺芳，元智大學工業工程與管理學系。

4. 灰預測分析於汽車協尋系統之應用，謝宗輝，亞洲大學資訊工程學系碩士班。

5. 應用灰關聯分析建立國內上市電機機械公司經營績效評估之研究，柯金標，東吳大學濟學系。

6. 灰色系統理論應用於大氣污染評估，薛鼎翰，東海大學環境科學與工程學系。

7. 以灰預測理論及網格化快速重建生醫 3D 實體模型之研究，郭宏偉，東海大學工業設計學系。

8. 結合型灰關聯分析與主成份分析在國內金融控股公司財務績效評估之應用研究，王少安，南台科技大學工業管理研究所。

9. 應用灰色理論於空軍戰機系統失效之預測及關聯分析，黃光佑，南華大學管理科學研究所。

10. 應用灰色理論於裝備備份件預測及失效關聯之研究，洪世岳，南華大學管理科學研究所。

11. 應用灰色理論於裝備妥善率預測之研究，楊坤益，南華大學管理科學研究所。

12. 應用灰色預測模型改良效率前緣投資績效—以摩根史坦利已開發國家成份市場為例，陳玨琪，屏東科技大學企業管理系研究所。

13. 應用灰色預測模型改良效率前緣投資績效—以美國道瓊工業指數成份股為例為例，黃信維，屏東科技大學企業管理系研究所。

14. 應用灰色理論於有機農產品之經營管理—需求預測及關鍵成功因素探討，陳建宏，中央大學工業管理研究所。

15. 灰色系統理論應用於生物濾床水質預測之探討，林俊鴻，中興大學生物產業機電工程學系。

16. 新台幣對美元短期匯率預測模式之研究—應用灰色理論、迴歸分析與指數平滑法之比較，陳彩豐，台北大學企業管理學系。

17. 以灰色理論為基礎之永磁式同步電動機轉子位置估測，吳敦燿，交通大學電機資訊學院研究所。

18. 典型相關及驗證性因素分析和灰色系統理論應用於地質因子影響地下水位變化之研究，許文宜，成功大學地球科學研究所。

19. 應用灰色理論於互動式網路產品評價系統─以電冰箱為例，吳俊宜，成功大學工業設計研究所。

20. 應用形態建構法則與灰色理論於產品造形演進之預測，陳殷瑞，成功大學工業設計研究所。

21. 應用灰色理論、迴歸分析、指數平滑法於預測台商投資趨勢之研究─以印度為例，吳正裕，高雄應用科技大學工業工程與管理研究所。

22. 應用灰色預測理論於台商投資越南趨勢之預測，李昆憲，高雄應用科技大學工業工程與管理研究所。

23. 灰色預測方法應用於鉛酸電池放電系統之研究，蔡宗成，彰化師範大學機電工程學系。

24. 灰色預測中辨識係數對鉛酸電池放電系統影響之研究，黃勝正，彰化師範大學機電工程學系。

25. 灰色系統理論應用於都市污水處理廠放流水再利用於工業用水之研究，許庭維，臺北科技大學環境規劃與管理研究所。

26. 應用 SSVM 與灰色預測於投資策略之研究─以台灣股票市場電子類股為實證，黃奎傑，台灣科技大學資訊管理系。

27. 應用灰色理論與田口實驗方法於記憶體模組除料製程之品質改善與化學機械拋光參分析，何智遠，台灣科技大學機械工程系。

28. 應用田口方法與灰關聯分析於 AISI316 不銹鋼薄板氣體鎢極電弧

銲接之研究，葉元勳，台灣師範大學工業教育學系。

29.高速公路短期交通資訊之灰預測模型，邱妍菁，逢甲大學交通工程與管理所。

30.應用灰色關聯分析及類神經網路建構—金融商品價差走勢預測模型，張國川，朝陽科技大學財務金融系碩士班。

31.台灣地區醫師人力供需運用灰色預測模式之研究—以全臺醫師、婦產科醫師、耳鼻喉科醫師為例，何明宗，朝陽科技大學企業管理系碩士班。

32.應用層級分析法與灰關聯建構台灣 IC 設計業供應商評比模式，張舜傑，雲林科技大學工業工程與管理研究所碩士班。

33.各種改良灰預測模型之探討，蔣柏廷，義守大學工業工程與管理學系碩士班。

34.台灣區國民生產毛額灰預測模型之研究，李玉芬，義守大學資訊管理學系。

35.以灰色多屬性決策分析 PCB 鎢鋼銑刀之切削角度，王啟嘉，萬能科技大學經營管理研究所。

36.運用灰色系統理論預測來台與出國旅客人數需求之研究，羅啟豪，樹德科技大學經營管理研究所。

37.運用灰色理論探討我國金融控股公司綜效之研究，康家福，樹德科技大學經營管理研究所。

38.以迴歸與灰關聯決定作業基礎成本制最適成本動因之應用性比較，呂雅萍，樹德科技大學經營管理研究所。

39.應用灰關聯分析法於智慧資本與營運績效之研究—以某商業銀行為例，陳秀霓，靜宜大學管理研究所。

2006 年

1. 灰色理論運用於混音辨識之研究，胡允中，大葉大學電機工程學系。

2. 結合品質機能展開與灰色關連分析於服務品質改善之研究—以美髮業為例，戴逸，大葉大學工業工程與科技管理學系。

3. 台、美、日單一國家股票型基金淨值預測準確度之比較—灰色預測與輻射基底函數類神經網路之應用，林漢森，大葉大學國際企業管理研究所。

4. 以灰色理論模式預測我國營造業職災率之研究，王家根，中國文化大學勞動學研究所。

5. 以灰關聯探討石門水庫上游河域遊憩潛力評估之研究，賴旻佑，中華大學營建管理研究所。

6. 建構能源灰決策支援系統，王亮鈞，立德管理學院應用資訊研究所。

7. 應用灰色層級決策系統於購買投資型保險商品因素之研究，卓麗娟，東海大學管理研究所。

8. 灰關聯分析數據前處理之探討，張譽騰，南台科技大學工業管理研究所。

9. 應用灰色關聯模型來探討飛機危險事件肇因之研究—以空軍新一代戰機為例，王忠民，南華大學管理科學研究所。

10. 應用灰色理論改良系統風險估計之研究—以美國道瓊工業指數成份股為例，翁義翔，屏東科技大學企業管理研究所。

11. 以灰色理論進行低溫水產品需求量預測之發展性研究—以草蝦仁

產品為例，汪尚展，屏東科技大學工業管理系所。

12.應用灰色線性規劃法於屏東隘寮灌區灌溉配水分析，黃意真，屏東科技大學土木工程研究所。

13.灰關聯分析探討古蹟與歷史建築再利用之研究，陳連取，中央大學，土木工程研究所。

14.應用灰色系統理論於冰水主機耗電量預測，朱正宇，台北科技大學能源與冷凍空調工程研究所。

15.以灰色理論和類神經網路預測航空客貨運量之變化，林東慶，成功大學民航研究所。

16.灰關聯雙移動平均線之應用研究—以股票市場及金屬期貨為例，鄭家豪，成功大學資源工程研究所。

17.灰色理論應用於東北亞重要港口之櫃量預測與競爭優勢評估，柯呈穎，高雄海洋科技大學航運管理研究所。

18.應用灰色理論與時間序列方法於國防預算預測之研究，薛雅萍，高雄第一科技大學財務管理所。

19.應用基因灰色預測模型於全台用電量之最佳預測，許凱榮，高雄第一科技大學機械與自動化工程研究所。

20.使用灰色理論及遺傳演算法於設備維護時間點預測，張少華，清華大學工業工程與工程管理研究所。

21.灰色理論應用於醫院廢水處理之研究，王淑蘭，清雲科技大學機械工程研究所。

22.灰關聯分析運用於超音波加工多重品質特性之最佳化製程，朱恭德，逢甲大學機械工程研究所。

23.應用灰關聯分析與 QFD 對供應商評選因素於產品創新核心能力的

探討—以離心泵為例，江菀琳，朝陽科技大學企業管理研究所。

24.應用灰關聯分析於離散餘弦頻譜之發光二極體表面瑕疵偵測，江軍達，朝陽科技大學工業工程與管理研究所。

25.行動通信產品市場需求預測—以中華電信第三代行動電話市場銷售量為例，陳慧士，朝陽科技大學企業管理研究所。

26.以灰色預測法預測不良債權之研究—以一家台灣的銀行為例，李仁森，朝陽科技大學企業管理研究所。

27.以灰建模及類神經網路預測醫療廢棄物焚化爐煙道氣之研究，羅玄灝，朝陽科技大學環境工程與管理研究所。

28.應用灰色層級分析法探討導入 ERP 系統之成功因素，李憲昌，華梵大學工業工程與經營資訊研究所。

29.導入灰色理論之模組化課程與適應性數位學習平台，陳癸仁，雲林科技大學電機工程系。

30.以灰模式預測台灣人口平均壽命之研究，黃冠杰，義守大學資訊管理學系。

31.利用多變數灰色模型預測台灣經濟成長率，張剛誠，義守大學，工業工程與管理學研究所。

32.應用灰色理論與類神經網路於台灣區消費者物價指數預測之研究，方秉勳，義守大學資訊管理學研究所。

33.應用布林粗集合與灰色預測於投資策略之研究—以台灣股票市場電子類股為例，劉明堂，嶺東科技大學資訊科技應用研究所。

2007 年

1. 灰關聯筆跡鑑定設計，吳仲琪，大葉大學電機工程學系。

2. 結合品質機能展開與灰色關連分析於服務品質改善之研究—以美髮業為例，戴逸，大葉大學工業工程與科技管理學系。

3. 影響全球不動產投資信託關鍵因素之研究—灰色關聯分析與類神經網路之應用，張婷慈，中原大學企業管理研究所。

4. 以灰色理論模式預測我國營造業職災率之研究，王家根，中國文化大學勞動學研究所。

5. 應用灰色線性規劃法於屏東隘寮灌區灌溉配水分析，黃意真，屏東科技大學土木工程系。

6. 應用灰色理論改良系統風險估計之研究—以美國道瓊工業指數成份股為例，翁義翔，屏東科技大學企業管理系所。

7. 以灰色理論進行低溫水產品需求量預測之發展性研究—以草蝦仁產品為例，汪尚展，屏東科技大學工業管理系所。

8. 複合式動力機車之設計與控制—使用灰色神經網路控制器，林順正，建國科技大學電機工程所。

9. 灰色理論與模糊類神經網路之研究及應用，張惠珍，中央大學電機工程研究所。

10. 應用灰色系統理論於冰水主機耗電量預測，朱正宇，台北科技大學能源與冷凍空調工程系。

11. 基於灰色預測與模糊控制之工業檢測高速自動對焦，林士傑，台北科技大學自動化科技研究所。

12. 主動式灰色卡爾曼車輛側傾控制器之設計，黃冠諦，台北科技大

學車輛工程系所。

13. 結合線性近似法則之灰色估測器應用於離散型順滑型態之控制，葉志暉，交通大學電機學院碩士在職專班電機與控制組。

14. 以灰色理論和類神經網路預測航空客貨運量之變化，林東慶，成功大學民航研究所。

15. 應用灰色理論與時間序列方法於國防預算預測之研究，薛雅萍，高雄第一科技大學財務管理所。

16. 應用基因灰色預測模型於全台用電量之最佳預測，許凱榮，高雄第一科技大學機械與自動化工程研究所。

17. 使用灰色理論及遺傳演算法於設備維護時間點預測，張少華，清華大學工業工程與工程管理學系。

18. 灰色多目標規劃應用在多目標水庫水污染防治策略之研究，張仕慧，逢甲大學環境工程與科學研究所。

19. 台灣地區老年長期照護之研究—灰色預測模式之應用，賴庭祥，朝陽科技大學保險金融管理系。

20. 以 GM(1, 1) 模型為基礎的灰色語音活動檢測方法，馮庭煜，朝陽科技大學資訊工程研究所。

21. 以線上水質監控及預測工業廢水廠出水水質—灰色系統及類神經之應用，胡漢強，朝陽科技大學環境工程與管理研究所。

22. 應用灰色層級分析法探討導入 ERP 系統之成功因素，李憲昌，華梵大學工業工程與經營資訊學研究所。

23. 應用灰色理論與類神經網路於台灣區消費者物價指數預測之研究，方秉動，義守大學資訊管理研究所。

24. 內在動機與探索性行為傾向對消費者購買灰色商品之研究，劉盈

君，銘傳大學國際企業研究所。

25.灰色預測模型應用於台灣地區國民小學適齡兒童人數之研究，吳秋蘭，樹德科技大學經營管理研究所。

26.灰層級分析法於使用者選擇健檢中心之研究，宋文君，靜宜大學管理研究所。

27.灰色 GM(h, N) 模型及粗糙集於氣體放電因子權重之研究暨 Matlab 工具箱之研發，王建文，建國科技大學電機工程研究所。

28.灰色馬可夫模型於電力負載之研究暨 Matlab 工具箱之研發，葉鎮鎧，建國科技大學電機工程研究所。

2008 年

1. 灰色理論應用於長跨徑橋梁施工控制之研究，陳威伸，雲林科技大學營建工程系。

2. 灰色比例積分控制器應用於高精度時間同步協定，李炳輝，台灣大學電機工程系。

3. 股市報酬率之灰色類神經 GJR-GARCH 模型，謝宗融，雲林科技大學財務金融系。

4. 應用灰色理論模型於國軍軍官遴選之研究，葉至剛，國防管理學院資源管理研究所。

5. 灰色多目標規劃應用在河川水污染防治策略之研究，黃信慈，逢甲大學環境工程與科學研究所。

6. 利用灰色適應共振網路於睡眠窒息症之辨識，胡哲源，龍華科技大學電機研究所。

7. 台灣股價指數期貨預測—平滑支撐向量迴歸與灰預測之應用，辛永森，台灣科技大學資訊管理研究所。

8. 應用動量權重及灰預測傅立葉殘差修正模型於台灣股票市場電子股之投資組合策略，林盈成，台灣科技大學資訊管理研究所。

9. 灰色系統理論應用在震盪型及飽和型時間序列預測之研究，梁君汎，台灣科技大學營建工程研究所。

10. 創新灰色模型在營建工程應用之研究，李秉展，台灣科技大學營建工程研究所。

11. 定期船運價決定因素與趨勢預測之研究，楊金樺，交通大學運輸科技與管理學研究所。

12. 中國大陸四大區域經濟成長的灰色相關因子，洪宣琪，交通大學經營管理研究所。

13. 應用灰色與模糊理論在中階主管評選最佳化之研究—以國軍幕僚主管為例，謝惠珍，國防管理學院資源管理研究所。

14. 灰預測和資料包絡分析評估策略聯盟績效—以台灣 TFT-LCD 產業為例，李雅如，高雄應用科技大學工業工程與管理研究所。

15. 應用灰色理論、迴歸分析、指數平滑法於預測台灣 TFT-LCD 出口值，詹宗學，高雄應用科技大學工業工程與管理研究所。

16. 東南亞主要貨櫃港口之櫃量預測與競爭因素評估—灰色理論之應用，鍾彥妍，高雄海洋科技大學航運管理研究所。

17. 使用灰色模型預測時間序列，吳佳諺，台灣科技大學資訊工程研究所。

18. 應用灰色系統理論衡量失業率因素及發展適用之預測模式，曾琬瑩，高雄應用科技大學工業工程與管理研究所。

19. 2006 年杜哈亞運中華台北女子排球隊比賽得分因素與成績關聯研究，施惠方，台灣師範大學運動競技研究所。

20. 應用灰色系統理論於電磁學課程學習網之建置設計，林金桂，彰化師範大學電機工程研究所。

21. 灰色關聯法應用於雷射加工光學塑料之研究，吳澤宏，彰化師範大學機電工程研究所。

22. 應用灰關聯度於飛機起落架地面測試數據之分析暨 Matlab 工具箱之研發，趙忠賢，建國科技大學自動化工程系暨機電光系統研究所。

23. 灰色 GM(1, 1) 模型於 PSoC 之研究暨 Matlab 工具箱之研製，張宏志，建國科技大學電機工程研究所。

2009 年

1. 灰色系統理論於稻米價格預測之研究，陳至尚，佛光大學經濟學系。

2. 灰色系統理論於台灣地區資訊安全產業市場規模預測之研究，彭文良，佛光大學經濟學系。

3. 灰色系統理論於台灣地區資訊通路產業市場營業額預測之研究，資光華，佛光大學經濟學系。

4. 國家安全綜合性危機預測評估量表建構—以灰色系統理論之運用，呂櫂寬，中華大學科技管理學系。

5. 應用灰色系統理論探討台灣及其他國家之 IT 產業競爭力與電子化整備程度，周宗民，中華大學資訊管理學系。

6. 競選口號是可以兌現的承諾？—應用灰色系統理論，張富凱，輔仁大學經濟學研究所。

7. ZigBee 無線網路結合灰色預測於電力需量控制之應用，張仁杰，修平技術學院電機工程研究所。

8. 灰色系統分析應用於多頻譜影像之分類，謝俊嘉，勤益科技大學電子工程系。

9. 以灰色理論改良股票投資技術分析指標之研究—以 S&P/ASX200 指數成分股為例，彭慧萍，屏東科技大學企業管理系所。

10. 雷射切割 6061 鋁合金薄板之製程參數最佳化分析，徐上祐，屏東科技大學機械工程系。

11. Nd：YAG 雷射切割 Inconel 718 參數最佳化模式之探討，廖愛華，屏東科技大學機械工程系所。

12. 以灰色理論改良股票投資技術分析指標之研究—以倫敦金融時報指數成分股為例，李巧蜜，屏東科技大學企業管理系所。

13. 以灰色理論改良股票投資技術分析指標之研究—以日經平均指數成分股為例，鄭宜芳，屏東科技大學企業管理系所。

14. 運用灰關聯建立熱軋排程作業系統—以燁聯鋼鐵為例，林雲騰，屏東科技大學工業管理系所。

15. 加盟連鎖業職員職能與績效關聯度之分析—以便利商店為例，謝政祐，致理技術學院服務業經營管理研究所。

16. 台江地區水環境承載力之研究，盧育荷，立德大學資源環境研究所。

17. 結合灰色理論與經驗模態分解法於固定路線車輛旅行時間之預測，吳哲榮，中央大學土木工程研究所。

18. 以研究室實驗數據為基礎的風力發電估測模型，王鴻濱，臺南大學系統工程研究所。

19. 雷射加工透明導電膜製程參數最佳化之研究，邱宣諺，臺灣科技大學高分子系。

20. 掃描探針微影製程參數最佳化之研究，洪司融，臺灣科技大學高分子系。

21. 灰色模型在醫院設施維護費用預測之應用，徐世修，臺灣科技大學建築系。

22. 利用 SOM 和 GRG 之金融時間數列預測，曾伯勳，臺灣科技大學資訊工程系。

23. 灰模糊失效模式與效應分析於 LED 下游封裝之應用，邱筠蘋，臺灣科技大學工業管理系。

24. 應用平滑支撐向量迴歸與灰預測於台灣加權股價指數真實波動率之研究，邱韻蓉，臺灣科技大學資訊管理系。

25. 應用灰預測傅利葉殘差修正模型於台灣 50 現貨之投資組合策略及價差交易，余思嫻，臺灣科技大學資訊管理系。

26. 以田口方法分析 GM(1,1) 預測之參數最佳化，陳建成，清雲科技大學機械工程系。

27. 以倒傳遞網路設計籃球運動彩券推薦模式，陳贊仁，大同大學資訊工程學系。

28. 以職業導向高中職學校行銷策略之研究，周佩樺，屏東商業技術學院行銷與流通管理系。

29. 國內線機場營運發展策略探討，吳雅婷，成功大學交通管理學系。

30.台灣地區大學院校會計師資未來之供需預測與潛在問題，林志韋，成功大學會計學系。

31.運用灰色理論探討最適衡量無塵室工程業經營績效，曹耘涵，中正大學會計與資訊科技研究所。

32.應用灰色區間運算於品質機能展開之研究，陳柏宇，義守大學工業工程與管理學系。

33.智慧型資料探勘於國際商品與股價指數連動關係之研究，陳雅琪，義守大學工業工程與管理學系。

34.使用灰色預測模型 GM/NGBM 預測颱風路徑，徐宇琨，義守大學工業工程與管理學系。

35.探討具加速度特性之灰色預測模型，林志豪，義守大學工業工程與管理學系。

36.可拓工程與灰色理論應用於股市交易，陳以臻，義守大學工業工程與管理學系。

37.改良式非等間距灰預測模型，陳嘉聲，成功大學工業與資訊管理學系。

38.環境不確定性與製造彈性需求之研究——以食品公司冷藏飲料線為例，鄭春發，虎尾科技大學工業工程與管理研究所。

39.新型最大功率追蹤控制器於太陽光電能微衛星系統之研製，陳冠雄，虎尾科技大學航空與電子科技研究所。

40.灰色多屬性決策分析於偏光板供應商評選之研究，邱浩瑄，元智大學工業工程與管理學系。

41.射出成型參數對導光板之光學特性影響研究，陳孝用，元智大學機械工程學系。

42.應用灰色理論於農產品價格之預測—以椪柑為例，林東益，佛光大學經濟學系。

43.應用灰色理論於預拌混凝土價格預測之研究，張啟昇，佛光大學經濟學系。

44.層級分析法應用於政府採購法最有利標評選之研究，陳鴻泰，淡江大學管理科學研究所。

45.坡地社區開發許可風險分析影響因子之探討，林克宇，臺灣海洋大學河海工程學系。

46.影響船員海上工作職場安全因素之探討，劉俞希，臺灣海洋大學商船學系。

47.建立臺灣國際商港 PSCO 優先檢查船舶模式之研究，蘇芮君，臺灣海洋大學商船學系。

48.短玻璃纖維強化聚碳酸酯複合材料衝擊疲勞試片在射出成型製程最佳化之研究，王徵暉，臺灣海洋大學機械與機電工程學系。

49.兩岸直航港埠貨櫃量預測與分配之研究，吳雨菁，臺灣海洋大學航運管理學系。

50.灰色規劃應用在生態工法對多目標水庫污染削減之貢獻分析，賴曉蓉，逢甲大學環境工程與科學所。

51.大量客製化共用鞋材需求預測之研究，林正偉，逢甲大學工業工程與系統管理學研究所。

52.探討台灣金融衍生性商品—結合財務技術與人工智慧技術，張順榮，中華大學資訊管理學系（所）。

53.溪河發展輕艇活動遊憩潛力評估之研究，吳立偉，中華大學營建管理研究所。

54.應用灰色模型於短期失業率預測，黃志輝，亞洲大學資訊工程學系。

55.證券商分支機構績效評比——灰關聯分析與資料包絡法之應用與比較，李金吉，銘傳大學財務金融學系。

56.運用灰關聯分析於設施佈置評選之研究，鍾翔雲，台北科技大學工業工程與管理研究所。

57.結合灰關聯分析法與田口法於壓鑄製程參數最佳化研究，李國華，台北科技大學材料及資源工程系研究所。

58.國道工程施工階段工程變更設計之研究，林羿賢，雲林科技大學營建工程系。

59.灰色預測應用於 RO 逆滲透水質自動偵測通報系統，謝明樺，建國科技大學自動化工程系暨機電光系統研究所。

60.灰關聯應用於肌電訊號之機械手臂餵食系統設計，施明宏，建國科技大學自動化工程系暨機電光系統研究所。

61.應用灰關聯度於肝功能檢查結果分析之研究暨電腦工具箱之研發，陳曉瑩，建國科技大學自動化工程系暨機電光系統研究所。

62.運用多準則評估方法於物流委外決策分析，侯舒茵，東吳大學企業管理學系。

63.產業群聚與經營策略之關聯性分析—以婚紗攝影業為例，謝佩倩，東吳大學企業管理學系。

64.以模糊德菲層級分析法與灰關聯分析法建構藥局設立成功因素之研究，王莉秋，東吳大學企業管理學系。

65.S 航空公司關鍵成功因素之分析，吳承宗，交通大學管理學院。

66.房地產市場預警系統之研究，陳彥光，政治大學地政研究所。

67. 應用遺傳程式規劃在顧客流失模型的研究——以百麗洗衣為例，廖儷雪，輔仁大學資訊管理學系。

68. 台灣液晶顯示器面板產業需求預測模式之研究，莊秉欣，東海大學工業工程與經營資訊學系。

69. 豐田模式在金融服務業適用性之研究，王堯民，輔仁大學應用統計學研究所。

70. 運用多評準決策建構消費者網路購物購買決策評估模式，曾士豪，開南大學企業與創業管理學系。

71. 桃園機場航廈精品購物需求與免稅店特質之關聯分析，徐妮瑩，開南大學空運管理學系。

72. 桃園航空站旅客之文化價值和購物行為之探討，吳建男，開南大學空運管理學系。

73. 運用二維品質模式、品質機能展開與灰關聯分析於護理之家服務品質之研究，廖建岳，大葉大學工業工程與科技管理學系。

74. 應用 AHP 方法結合 BSC 建構跨國企業子公司經營績效評價之研究一以 GSK 集團在中國大陸公司為例，陳忠正，大葉大學國際企業管理學系。

75. 應用灰色關聯與 TOPSIS 法衡量 TFT-LCD 產業財務績效，吳維珊，中國文化大學會計研究所。

76. 台股指數開盤價格之預測一應用類神經網路及灰預測模型，尤韻涵，輔仁大學經濟學研究所。

77. 股票價格預測及投資組合模型的建立一整合 ANN、GRA 及粗集合理論，林聖博，嶺東科技大學財務金融研究所。

78. 國籍航空器飛安事故之研究，陳澤民，南台科技大學高階主管企

管。

79.灰色 GM 模式預測鋁合金疲勞裂縫成長之研究，莊振穎，中華技術學院機電光工程研究所。

80.連鎖咖啡店營運績效評估之研究—以高雄地區連鎖咖啡店為例，李逸鈞，樹德科技大學經營管理研究所。

81.銀行業務別對服務品質與顧客滿意度影響之研究，關伊珊，嶺東科技大學行銷與流通管理研究所。

82.航空修護廠對承包之修、製產品的顧客滿意度評量模式探討，溫冬藏，中華技術學院飛機系統工程研究所。

83.運用灰色理論結合倒傳遞類神經網路於裝備妥善率預測研究，羅文聰，國防大學理工學院兵器系統工程。

84.國軍人員維持費支出分析與趨勢預測，黃裕誠，國防大學國防管理學院國防財務資源研究所。

85.結合灰關聯分析與 TOPSIS 技術於兩棲作戰登陸海灘評選之研究，謝永來，國防大學管理學院資源管理及決策研究所。

86.以灰色理論與澳門博彩產業探討澎湖設立觀光賭場可行性之研究，鄭文豪，樹德科技大學經營管理研究所。

87.語音訊號處理中抑制雜訊機制之研究與設計，董志強，大葉大學／汽車電子產業研發碩士專班。

88.具有振動平台基座機械手臂之力量/位置控制，林俊江，清雲科技大學機械工程系所。

89.以灰色理論調整 PID 參數應用於壓電陶瓷平台之控制，江灝，清雲科技大學機械工程研究所。

90.臺灣地區未來牙醫師人力供需研究—灰色預測模式之應用，劉慧

君，朝陽科技大學企業管理系。

91.應用灰關聯分析及自組織映射圖網路設計服飾樣衣評分系統，林國偉，大同大學資訊工程學系（所）。

92.我國貨櫃航商在越南配置航線的影響因素與潛在效益探討，劉威辰，高雄海洋科技大學航運管理研究所。

93.台灣中小型航運企業選擇船舶融資之最佳決策，蔡明峰，高雄海洋科技大學航運管理研究所。

94.以灰色理論改良股票投資技術分析指標之研究—以倫敦金融時報指數成分股為例，李巧蜜，屏東科技大學企業管理系所。

95.以灰色理論改良股票投資技術分析指標之研究—以日經平均指數成分股為例，鄭宜芳，屏東科技大學企業管理系所。

96.運用灰關聯建立熱軋排程作業系統—以燁聯鋼鐵為例，林雲騰，屏東科技大學工業管理系所。

97.整合模糊田口、TOPSIS 與灰關聯分析於多重品質特性之參數最佳化，蔡宗倫，高雄大學亞太工商管理學系。

98.建構餐飲業 HACCP 管制小組核心能力指標之研究，沈坤海，高雄餐旅學院餐旅管理研究所。

99.國際行銷資源最適化配置模式之研究—以國際貿易業為例，廖俊忠，朝陽科技大學企業管理系。

100.非營利組織對資源依賴程度之研究—以中華社會福利聯合勸募協會為例，江雅婷，朝陽科技大學企業管理系。

101.氫氣偵測器介面特性與自動監測系統實現，許啟祥，朝陽科技大學資訊工程系。

102.灰色關聯分析應用於台中市高中職學生對反毒宣傳訊息接受態度

之研究，黃麗文，朝陽科技大學企業管理系。

103.線型組合近似分析預測台灣加權股價指數，蔡幸娟，朝陽科技大學財務金融系。

104.應用時間序列、演化式類神經網路與灰預測方法在匯率預測績效之比較，呂佳芹，朝陽科技大學財務金融系。

105.波動率指數與總體經濟指標關連預測之研究—以灰色關聯分析及類神經網路模型系統作探討，陳惶博，中原大學企業管理研究所。

106.台灣房地產景氣循環週期之研究—應用灰色關聯分析及類神經網路之預測，江明宏，中原大學企業管理研究所。

107.黃金價格預測模式績效之研究，謝亞恩，中原大學國際貿易研究所。

108.手機五大品牌最適銷售預測法之研究—Nokia, Motorola, Samsung, LG, Sony Ericsson，陳林宗，中原大學工業與系統工程研究所。

109.道路建設對鄰近昆蟲生態影響之研究，曾彥儒，明新科技大學營建工程與管理研究所。

110.波羅的海乾散貨指數之影響分析與預測：灰色理論結合馬可夫鏈與熵之應用，范聖義，明新科技大學企業管理研究所。

111.應用灰色理論與時間序列法於港埠運量預測之研究—以亞洲國際港埠為例，陳俊諺，明新科技大學企業管理研究所。

112.應用灰色理論預測半導體設備消耗性零件需求量，黃錫鴻，中央大學工業管理研究所。

113.國防預算績效測度：以亞洲國家為例，鄭慶民，國防管理學院國防財務資源研究所。

114.灰色預測 GM(1,1) 模型之改善與應用，吳國榮，國防大學國防管理學院後勤管理研究所。

115.基於 FMFGM 預測時間序列之研究，劉銘中，臺灣科技大學電機工程系。

116.管理階層異動資訊對股價報酬之影響，王偉權，淡江大學管理科學研究所。

117.構建多指標數列集灰關聯演算法及其在決策分析之應用，詹家和，銘傳大學管理研究所。

118.跨國科技競爭力之評估與預測研究，劉俊儀，交通大學科技管理研究所。

119.貿易垂直專業化、產業關聯性與技術輸入擴散模式之研究，顏思偉，臺灣科技大學企業管理系。

2010 年

1. 結合灰色系統理論與馬爾可夫鏈進行地下水位預測，黃志偉，雲林科技大學防災與環境工程研究所。

2. 灰色系統理論應用於稅收預測之研究，姚秀華，高雄應用科技大學商務經營研究所。

3. 應用灰色系統理論於台灣上市公司財務比率變數之預測─以電子業為例，王雅玲，臺灣科技大學資訊管理系。

4. 應用灰色系統理論於臺灣網際網路供應商產業市場規模之預測，林沂蓁，佛光大學經濟學系。

5. 灰色預測理論應用於國軍歲入預測之研究，邱志銘，國防大學管理學院財務管理學系。

6. 結合田口方法與灰關係分析—改善人造大理石產品的安全性，李育修，勤益科技大學工業工程與管理系。

7. 灰關聯理論探討人工濕地水質因子之研究，劉笠迪，明新科技大學營建工程與管理研究所。

8. 以資料包絡分析法與灰關聯分析法探討公司經營績效—以某陶瓷製釉公司為例，湯智鈞，中華大學企業管理學系。

9. 應用灰預測於維修備料預測之研究—以印表機維修公司為例，許秀月，中華大學資訊管理學系。

10. 應用灰色支援向量迴歸預測國際旅遊需求，詹淑鳳，淡江大學管理科學研究所。

11. 應用灰色 GM(0,N) 於 Timoshenko beam 之權重分析，呂冠穎，建國科技大學自動化工程系暨機電光系統研究所。

12. 應用灰色關聯度於脊椎病變影像之研究，杜紘霆，建國科技大學電機工程系暨研究所。

13. 灰色語音辨識仿真馬拉車控制器設計，陳庭漢，建國科技大學自動化工程系暨機電光系統研究所。

14. 和平工業港散乾貨運量分析與預測，邱姸禎，臺灣海洋大學航運管理學系。

15. 臺灣主要港口航行安全之研究，涂劭琥，臺灣海洋大學運輸與航海科學系。

16. 建置我國沿海緊急醫療救護船影響因素之研究，丁鳳瑜，臺灣海洋大學商船學系所。

17. 波羅地海乾散貨運費指數的變幅波動率模型，易至中，臺灣海洋大學航運管理學系。

18. 台灣國際商港營運現況與運量預測之分析，童為麟，臺灣海洋大學航運管理學系。

19. 近海海事搜救最佳船隊派遣之決策，許至皓，臺灣海洋大學商船學系所。

20. 都市不透水面積演變與雨水下水道投資成本關係之研究，方越琦，臺灣海洋大學河海工程學系。

21. 兩岸三地船隊發展與成長趨勢之分析，徐穎珍，臺灣海洋大學航運管理學系。

22. 建構與運用 GM(1,1)-Page 模型於四季桔乾燥程序之研究，許智翔，屏東科技大學食品科學系所。

23. 探討保養品產業行銷策略與品牌權益相關研究—灰關聯之應用，徐玉如，屏東科技大學／企業管理系所。

24. AHP 與灰色理論應用於中古屋投資決策之研究—以台北市大安區為例，黃仲民，明道大學設計學院。

25. 從財務活動觀點探討企業之決策以—新創公司為例，游潭樣，明道大學企業高階管理。

26. Nd：YAG 雷射銲接 2205 雙相不銹鋼最佳化製程參數之探討，陳銘宏，屏東科技大學機械工程系所。

27. 應用灰色理論改良技術指標投資績效之研究—以德國 DAX 指數成分股為例，洪曉菁，屏東科技大學企業管理系所。

28. 心臟病資料庫的病因分析及自動診斷系統設計，蔡坤龍，銘傳大學電子工程學系。

29.結合粗集合理論與灰關聯分析於故障診斷的應用，陳鈺均，雲林科技大學工業工程與管理研究所。

30.工程專案組織績效評估方法之開發，黃家釧，雲林科技大學營建工程系。

31.應用中央合成設計、類神經網路、基因演算法與灰關聯分析於粉體塗裝製程參數最佳化之研究，胡又元，南台科技大學工業管理研究所。

32.供應鏈復原能力評估指標之建立—以製造業為例，鄭志傑，東吳大學企業管理學系。

33.軟體發展流程之多績效指標最佳化方法，蘇峙璜，交通大學工業工程與管理學系。

34.應用灰模糊邏輯及多屬性決策於多品質實驗之最佳化，邱誌唯，交通大學工業工程與管理學系。

35.應用雙反應曲面法最佳化多品質實驗設計，柯思如，交通大學工業工程與管理學系。

36.結合類神經網路及灰關聯分析法估測鉛酸蓄電池放電時間，柯致平，台北科技大學電機工程系所。

37.用於環境監測之溫度感測模組設計，陳上永，台北科技大學電機工程系所。

38.應用灰色關聯分析於保險商品之選擇，蔡幃任，亞洲大學資訊工程學系。

39.隧道式切斷刀具形狀最佳化之研究，洪崇益，龍華科技大學工程技術研究所。

40.基層主管管理職能及培訓課程之灰關聯分析—以模具業為例，魏

珍怡，龍華科技大學商學與管理研究所。

41.影響身心障礙者就業意願之因素及其因應策略灰關聯分析之研究，張佩瑜，龍華科技大學商學與管理研究所。

42.基於 T-S 模糊控制與灰色理論之自走車軌跡追蹤，陳韋存，中原大學電機工程研究所。

43.使用灰關聯分析改善模糊成對比較矩陣不可接受之一致性，徐銘澤，中原大學企業管理研究所。

44.不動產投資信託型指數股票基金之預測—比較灰預測及類神經網路為例，曾強，中原大學企業管理研究所。

45.應用灰色統計法及分析層級程序法建構軍事機關小額採購績效指標之研究，賴鵬升，逢甲大學公共政策所。

46.應用灰關聯探討影響金融機構創新的重要因素排序，洪文偉，世新大學企業管理研究所。

47.排紗螺桿加工製程最佳化之研究，陳瑞仁，虎尾科技大學機械與機電工程研究所。

48.品質機能展開結合田口方法與灰色理論於多重品質特性之拋光過程最佳化分析，賴冠廷，虎尾科技大學/創意工程與精密科技研究所。

49.加盟連鎖飲食店總部績效評估，李琮偉，虎尾科技大學工業工程與管理研究所。

50.高速銑削 SKD61 模具鋼切削參數最適選擇，蔡孟潔，虎尾科技大學創意工程與精密科技研究所。

51.應用灰色關聯理論於銅箔基板微銑削之研究，戴文道，彰化師範大學機電工程學系。

52.某銀行分行之財富管理管理績效衡量應用－灰關聯分析，羅富威，朝陽科技大學保險金融管理系。

53.台灣銀行業破產指標與其影響因素之研究－灰色系統模式之應用，王奕文，朝陽科技大學保險金融管理系。

54.運用灰色理論於飛機可靠度瞬間失效預測之研究，陳柔諺，朝陽科技大學企業管理系。

55.法人交易行為影響 MSCI 電子股預測能力之探討，朝陽科技大學財務金融系，朝陽科技大學/財務金融系。

56.應用時間序列模式與灰模式進行電力需求預測與節能改善評估以朝陽科技大學為例，王新春，朝陽科技大學環境工程與管理系。

57.應用灰關聯分析探討休閒農業區關鍵成功因素－以南投縣為例，朱鴻森，朝陽科技大學休閒事業管理系。

58.GM(1,1) 應用於用電趨勢之研究－以某科技大學為例，呂茂亨，朝陽科技大學企業管理系。

59.快速磁力模具應用於製鞋機之製程參數最適化研究，鄭欽威，臺南大學機電系統工程研究所。

60.高雄市國小身心障礙類特教人力環境預測與特教教師轉職原因探討，周明原，樹德科技大學經營管理研究所。

61.灰關聯分析於點膠流量控制參數最適化之研究，洪國森，臺灣科技大學自動化及控制研究所。

62.有機發光二極體薄膜封裝製程最佳化之研究，徐銘鴻，臺灣科技大學高分子系。

63.平板式集熱器製程參數最佳化之研究與實務驗證，張珀瑞，臺灣科技大學自動化及控制研究所。

64. 需求預測與定價策略之探討—以輕鋼架產業為例，蔡芳滿，成功大學工業與資訊管理學系。

65. 動態數據預測方法的比較與其應用，陳薇文，成功大學民航研究所。

66. 灰色預測理論在工程和控制系統設計上的應用，張育嘉，成功大學航空太空工程學系。

67. 小波及灰色理論應用於地層下陷預警之研究—以濁水溪沖積扇為例，陳厚元，成功大學水利及海洋工程學系。

68. 在金融風暴事件下 BDI 指數與國內散裝航運類股價連動關係之研究，邱玉茹，義守大學工業工程與管理學系。

69. 應用 FMEA 與灰色理論建構供應商評選模式之研究，姚舜淵，義守大學工業工程與管理學系碩士班。

70. 基於影像訊息變化量之視訊監控系統，郭眉君，義守大學資訊工程學系。

71. 整合灰關聯分析、遺傳演算法和粒子群演算法對信用評等之研究，張品傑，義守大學財務金融學系。

72. 以銲道硬度統計量為因素評估摩擦攪拌銲接品質之研究，林益賢，義守大學工業工程與管理學系。

73. 以灰規劃進行養豬業溫室氣體減量之策略分析，黃俊傑，輔英科技大學環境工程與科學系。

74. 企業經營績效評比模式之建立—資料包絡分析法與灰色熵理論之整合應用，胡俊詮，明新科技大學資訊管理研究所。

75. 啟發式模糊時間序列預測國內積體電路需求之研究，顧聖傑，明新科技大學企業管理研究所。

76. 營建工程專案各期成本預測之研究，游智涵，中國科技大學土木與防災應用科技研究所。

77. 綠色行銷訴求關鍵要素評估之研究—以綠色產業為例，王婷譽，台中教育大學事業經營研究所。

78. 股市投資的決策支援系統研究—以台灣 50 與台灣中型 100 為例，劉佩俞，嶺東科技大學財務金融研究所。

79. 應用灰關聯度於語音辨識之研究與設計，張哲銘，大葉大學電機工程學系。

80. 台中地區文理補習班營業據點指標選擇之研究，陳建聰，台中教育大學事業經營研究所。

81. 以灰預測模式評估大陸觀光客來台遊客量之研究，江姿宜，元培科技大學企業管理研究所。

82. 探討企業運動贊助於網路行銷之關鍵感性因素，楊佩琪，台中教育大學事業經營研究所。

83. 以樂活理念探討整合性行銷策略關鍵要素之研究—以產業文化活動為例，劉雅雯，台中教育大學事業經營研究所。

84. 類神經網路於鞋墊舒適度預測與評價，陳靜如，東海大學工業設計學系。

85. 應用灰色預測模式對國軍未來男性志願士兵人力供需預測之研究，吳昌翰，國防大學管理學院運籌管理學系。

86. 灰關聯理論探討人工濕地水質因子之研究，明新科技大學營建工程與管理研究所。

87. 塑膠機械產品需求預測模式之研究—以俄羅斯市場為例，陳其域，朝陽科技大學企業管理系。

88.服務品質、顧客滿意度與顧客忠誠度之關聯度研究—應用灰色理論於中台灣景觀餐廳為例，林吟姍，朝陽科技大學應用外語研究所。

89.應用區塊離散餘弦轉換搭配灰預測模式檢測車用鏡面玻璃表面瑕疵，黃智政，朝陽科技大學工業工程與管理系。

90.應用灰色理論建構 CBN 磨削製程趨勢之預測模型，李志偉，高雄第一科技大學機械與自動化工程所。

91.中小企業信用評等之建構與運用，范佳元，東華大學國際企業學系。

92.台灣 REITs 共同基金資產配置之績效評估—灰關聯分析法之應用，林金蓉，世新大學財務金融學研究所。

93.簡易型骰子辨識系統之研製，洪辭閔，華梵大學機電工程學系。

94.全球太陽能光電產業技術與市場預測，蔡麗敏，交通大學科技管理研究所。

95.考量因子未知資訊之資料探勘技術於企業生產機台關鍵備品需求預測之研究，陳詠晴，清華大學工業工程與工程管理學系。

96.資料探勘為基礎之零售業銷售預測模式—以連鎖超商鮮食商品為例，歐宗殷，清華大學工業工程與工程管理學系。

2011 年

1. 台灣共同基金績效評估與相關經濟變數之預測—灰色系統理論之運用，朱倍誠，樹德科技大學經營管理研究所。

2. 基於灰色系統理論之異質網路服務品質分析機制，曾祥麒，樹德科技大學資訊工程系。

3. 應用灰色系統理論於國中基本學力測驗成績預測與關聯之研究，曾俊元，樹德科技大學經營管理研究所。

4. 灰色系統理論在撞球機器人之清檯攻擊研究，劉苡宗，淡江大學機械與機電工程學系。

5. 灰色系統理論於輪型機器人之自主避障研究，鍾立楷，淡江大學機械與機電工程學系。

6. 利用階層構造分析法與灰色系統理論探討證券業之財務績效，李汶靜，東海大學企業管理學系。

7. 應用灰色關聯度分析於大學生英語字彙學習策略之研究，楊心宜，建國科技大學自動化工程系暨機電光系統研究所。

8. 大陸來台人數之預測及其消費潛力分析，蔡佳雯，長榮大學國際企業學系。

9. Nd：YAG 雷射銲接 439 肥粒鐵不銹鋼參數最佳化之探討，馮建程，屏東科技大學機械工程系所。

10. 動物科學應用機構動物實驗及照養管理之研究，吳建男，康寧大學科技管理研究所。

11. 使用專利資料探討太陽能產業之研發策略，張佳陵，康寧大學運籌與科技管理研究所。

12. 台灣至亞洲地區旅客流量之趨勢分析—共整合與灰色系統，陳宏瑋，明新科技大學企業管理研究所。

13. 資料探勘技術於車輛引擎效率診斷之應，鄭仰廷，臺灣海洋大學電機工程學系。

14. 圖像辨識技術於輪胎噪音模擬以及 LS-DYNA 於輪胎排水性模擬之相關性研究，歐俊賢，臺灣海洋大學系統工程暨造船學系。

15. 以海空港貨運吞吐量建立全球貿易預測模式之研究，尤郁晴，臺灣海洋大學航運管理學系。

16. 提升海巡艦艇妥善能力之研究─以海損立場為之，陳嘉陵，臺灣海洋大學商船學系。

17. 我國管理級航海人員岸上晉升訓練及適任性評估成效之研究，陳得邨，臺灣海洋大學商船學系。

18. 應用灰關聯分析法探究台灣定置網漁獲量與環境變動之關係，張芸菁，臺灣海洋大學環境生物與漁業科學學系。

19. 運用營建資源因子建構工程進度預測模式之研究，陳瑞君，臺灣大學土木工程學研究所。

20. 應用灰色理論於匯率預測之研究，張嘉玲，高雄應用科技大學國際企業系。

21. 應用 TOPSIS 評估法與灰關聯分析於上市銀行營運績效之評估，陳楚哲，高雄應用科技大學國際企業系。

22. 製造業缺工因素之研究，李淑芳，高雄應用科技大學工業工程與管理系。

23. 地景生態指標於土地利用變遷之研究─以雲林縣農業用地為例，劉瑛涓，虎尾科技大學休閒遊憩研究所。

24. 運用多準則決策方法探討智慧型手機採購評選，高世威，虎尾科技大學工業工程與管理研究所。

25. 產品策略與製造彈性之關聯性研究─以台灣電線電纜個案公司為例，范元傑，虎尾科技大學工業工程與管理研究所。

26. 應用品質機能展開與灰關聯分析在教育服務品質之研究—以雲林縣某國小為例，葉桂梅，虎尾科技大學經營管理研究所。

27. 應用殘差修正灰預測模型與自組性演算法建構工程製程管制系統，葉靜雯，交通大學工業工程與管理學系。

28. 利用灰色理論於偵測器遺失資料插補之研究，許程詠，交通大學運輸科技與管理學系。

29. 應用滾動灰色預測方法建構能源消耗預測模型，莊朝斌，交通大學工業工程與管理學系。

30. 灰預測應用於台灣蔬果產地價格之分析—以愛文芒果為例，容萍，成功大學企業管理學系。

31. 使用粒子群聚演算法設計最佳化灰色 PID 與模糊控制器，張文郁，臺北科技大學自動化科技研究所。

32. 適路性機車後視鏡系統之設計與控制，侯竣方，臺北科技大學車輛工程系。

33. 基於改良灰預測之短期負載預測，鄭勝文，臺北科技大學自動化科技研究所。

34. 灰關聯理論應用於液晶玻璃面板金屬薄膜雷射劃線參數最佳化分析，蔡泓璟，臺北科技大學機電整合研究所。

35. 灰色預測理論應用於大陸來臺遊客數量預測之研究，林品妏，雲林科技大學全球運籌管理研究所。

36. 整合灰色理論與支援向量迴歸於易腐性商品銷售量之預測—以連鎖便利商店為例，吳明兼，雲林科技大學工業工程與管理研究所。

37. 應用主成份分析與灰關聯分析於具有相關多重品質特性製程的最

佳化參數設計，陳雅喬，雲林科技大學工業工程與管理研究所。

38.應用品質機能展開與灰關聯分析法於小客車租賃業服務品質之研究，黃怡萍，雲林科技大學全球運籌管理研究所。

39.應用灰色理論於協同規劃、預測補貨—以有機零售商為例，沈志鼎，雲林科技大學工業工程與管理研究所。

40.系統灰預測於三角網格補洞之研究=以數位牙模為例，王隆鈞，嘉義大學資訊工程學系研究所。

41.灰色優勢分析之應用研究，鄭琇文，臺灣師範大學工業教育學系。

42.戒治所收容人健康相關生活品質專家評估模式之研究—以北高兩戒治所為例，林嬌，中華大學行政管理學系。

43.以灰預測探討網路犯罪之研究，陳建舜，中華大學資訊管理學系。

44.以灰聚類方法探討經社因子與空氣污染之空間分佈特性，鄭明德，朝陽科技大學環境工程與管理系。

45.灰色理論應用於台灣地區國民小學教師人數之研究，謝明卿，樹德科技大學經營管理研究所。

46.以基於灰色預測的霍夫曼編碼實現具有商業智慧功能的動態網站瀏覽地圖，許銘岑，亞洲大學資訊工程學系。

47.灰色多目標計畫組合規劃於運輸計畫規劃之研究，牛紀芸，淡江大學運輸管理學系。

48.應用進化式約略集合於生醫訊號之壓力預測模型系統決策與開發，鄭子敬，高雄第一科技大學系統資訊與控制研究所。

49.灰色理論於磷酸鋰鐵電池電量估測，林庚達，高雄第一科技大學

系統資訊與控制研究所。

50.省能源之最佳化 LED 路燈散熱鰭片設計之研究，張展耀，高雄第一科技大學機械與自動化工程研究所。

51.兩岸上市公司有效稅率之比較研究－兩岸 ECFA 簽訂前後政府及企業因應之道，蘇柏楷，逢甲大學財稅所。

52.以臺中市為例之新城市環境適居評估法，劉依姍，逢甲大學環境工程與科學所。

53.田口灰關聯分析於太陽能模組最佳化封裝製程之研究，楊明輔，臺灣科技大學自動化及控制研究所。

54.以生理訊號為基礎的人體運動模型之系統識別，余吉祥，臺灣科技大學機械工程系。

55.台股期貨市場與選擇權之灰色關聯分析與交易策略設計，黃昭翔，臺灣科技大學資訊工程系。

56.灰色動態模型之台股選擇權交易策略設計，魏嘉余，臺灣科技大學資訊工程系。

57.基於灰色關聯分析之台股選擇權交易策略設計，洪永昌，臺灣科技大學資訊工程系。

58.分散式台股選擇權交易策略設計，余俊賢，臺灣科技大學資訊工程系。

59.應用灰關聯分析於故障診斷輔助系統－以化學品供應系統為例，葉啟達，臺灣科技大學自動化及控制研究所。

60.應用平滑支撐向量迴歸與灰預測建構全球 ETF 投資組合策略之研究，李凌崴，臺灣科技大學資訊管理系。

61.應用自組織映射圖網路與 K-Means 於中國大陸股票型基金與 QDII

基金投資策略之研究，黃鈺琳，臺灣科技大學資訊管理系。

62. 台灣單一股票期貨市場套利之研究—GARCH、SSVR 與灰色理論之應用，黃泰瑞，臺灣科技大學資訊管理系。

63. 應用灰色理論於台灣行動電話銷售量之預測，陳威志，義守大學工業工程與管理學系。

64. 股票市場之投資策略研究，劉昱寬，義守大學工業工程與管理學系。

65. 上市企業之信用評等模式—運用遺傳演算及智慧型演算法，吳浚榮，義守大學財務金融學系。

66. 台灣銀行業海外分行經理核心職能模型之研究，韓芝瑋，實踐大學企業管理學系。

67. 利用灰色 AGA 之系統 PID 控制器設計，黃士航，臺北教育大學資訊科學系。

68. 貝氏灰行為評等模式之建構，張雯琪，淡江大學管理科學研究所。

69. 台灣企業綠色環境績效分析及評估模式之研究—以零售業為例，黃卉庭，淡江大學管理科學研究所。

70. 應用灰色理論建立消防救護決策模式之研究—以金門縣為例，莊濠綱，金門大學防災與永續研究所。

71. 新北市國民小學英語教師人力供需研究，楊雅惠，臺北教育大學兒童英語教育學系。

72. 公立職業訓練中心自辦訓練現況之研究—以某公立職業訓練中心為例，洪梅君，輔仁大學應用統計學研究所。

73. 以灰色理論模式預測我國職業災害保險給付之研究，李姿瑩，中

國文化大學勞工關係學系。

74. 以灰色理論模式預測我國營造業職業災害類型之研究，許雅淳，中國文化大學勞工關係學系。

75. 印刷電路板公司顧客購買意願評估之研究，陳怡寧，開南大學商學院。

76. 美語補教業顧客購買意願評估之研究—以桃園市 A 補習班為例，林惠瑩，開南大學商學院。

77. 國際散裝船市場選擇論程傭船與論時傭船模式考量因素之研究，江宗樺，高雄海洋科技大學航運管理研究所。

78. 物流業碳足跡估算與減碳策略評估分析：以手機物流作業為例，陳怡璇，德明財經科技大學經貿運籌管理研究所。

79. 以灰色理論探討我國進口救濟案件成立之因素—以反傾銷為例，林正峰，宜蘭大學應用經濟學系。

80. 臺灣 PCB 公司產品銷售額預測之研究，戴仲原，開南大學商學院。

81. 應用灰色關聯度於警務人員形象提昇之研究，陳映瑋，建國科技大學自動化工程系暨機電光系統研究所。

82. 應用灰關聯分析於肝功能評估因子權重之分析，周宗生，建國科技大學電機工程系暨研究所。

83. 灰關聯田口法於 A6066-T6 製程最佳化之研究，何孟澤，大葉大學工業工程與科技管理學系。

84. 以平衡計分卡評估中部某區域級教學醫院放射科之經營績效，蔡明儒，靜宜大學會計學系。

85. 花卉產銷特性之研究—以台灣地區為例，陳惠欣，輔仁大學應用

統計學研究所。

86.台灣失業率之預測分析，許秀妃，澎湖科技大學服務業經營管理研究所。

87.應用灰關聯分析法於導光板射出成型參數最佳化之研究，古洪華，高雄第一科技大學機械與自動化工程研究所。

88.灰關聯分析在財務風險評估上的應用—以台灣上市家電業為例，陳漢昭，中央大學財務金融研究所。

89.以灰色多項式演算法為基礎之氫氣感測系統，郭櫂豪，朝陽科技大學資訊工程系。

90.以 7 種 GM(1, 1) 模型預測舊濁水溪水質之研究，郭瑞玲，朝陽科技大學環境工程與管理系。

91.以智慧型控制理論為基礎之馬達控制系統設計與實現，吳科翰，彰化師範大學／工業教育與技術學系。

92.台灣執行港口國管制運作機制之研究，劉詩宗，臺灣海洋大學航運管理學系。

93.整合型績效評估模式研究—以薄膜電晶體液晶顯示器產業為例，白忠哲，交通大學工業工程與管理學系。

94.再生綠建材強化技術對瀝青混凝土鋪面績效影響之研究，李承効，臺灣科技大學營建工程系。

95.分流式下水道最適化建設經濟分析及水量水質預測模式之研究，陳宏銘，臺灣大學環境工程學研究所。

96.應用專家系統及灰關聯分析，林志鈞，大葉大學生物產業科技學系。

2012 年

1. 灰色系統理論在撞球機器人之攻守決策整合應用，林育正，淡江大學機械與機電工程學系。

2. 利用 AHP 與灰色系統理論探討選擇股票的決策分析—以台灣金控公司為例，郭佳鑫，東海大學企業管理學系

3. 應用灰關聯分析比對與偵測刑案關聯相似度之研究—以台北市竊盜慣犯為例，黃衍凱，中央警察大學資訊管理研究所。

4. 以灰色與模糊建模方法即時分析生態環境之變化，柯紘凱，臺北科技大學電機工程系所。

5. 太陽能電池蝕刻率灰預測模式之研究，楊守正，臺北科技大學自動化科技研究所。

6. 應用灰色預測與模糊推論之智慧型家庭系統設計與實作，王昱凱，臺北科技大學電機工程系研究所。

7. 應用形態建構法則與灰色理論於顧客需求導向產品設計之研究，莊昇樺，成功大學工業設計學系。

8. 二代健保對全民健保財務收支影響之預測研究，侯佩妤，成功大學統計學系。

9. 應用灰色理論預測多個終身防癌險理賠給付之研究，陳瑜欣，成功大學統計學系。

10. 使用強化型適應性灰預測模型求解銅柱凸塊封裝之試產預測問題，黃淶翔，成功大學工業與資訊管理學系。

11. 基本分析為基之股票預測方法研發，呂長霖，成功大學製造資訊與系統研究所。

12. IC 封裝產品之銷售預測模式研究──以公司 Y 為例，許凌倩，成功大學工業與資訊管理學系。

13. 結合層級分析與灰色多屬性決策分析於 ERP 系統供應商評選之研究，林瑩，元智大學工業工程與管理學系。

14. 應用 GM(h,N) 於資源回收影響因子，呂盈億，建國科技大學自動化工程系暨機電光系統研究所。

15. 應用灰色 GM(1,1) 於危害氣體偵測之 PSoC 研製─以二氧化硫為例，陳和成，建國科技大學電機工程系暨研究所。

16. 灰色理論應用於芳香療法在心率變異之研究，張筱玫，建國科技大學自動化工程系暨機電光系統研究所。

17. 應用 GM(0,N) 於交通事故原因之探討─以新北市為例，洪維紳，建國科技大學自動化工程系暨機電光系統研究所。

18. 灰關聯應用於休閒園區經營管理行銷研究─以台糖南靖休閒廣場為例，許丁旭，建國科技大學自動化工程系暨機電光系統研究所。

19. 應用 GM(0,N) 於台灣金控公司之評選，劉昌麟，建國科技大學自動化工程系暨機電光系統研究所。

20. 應用灰色統計分析中小企業導入 RFID 技術於供應鏈管理之評估，李禮侑，臺中科技大學流通管理系。

21. 因應中國大學政經與社會變動趨勢探討台商自動化需求商機分析，吳圳男，開南大學資訊學院。

22. 灰色理論在專案進度預測上之應用─以海事工程為例，高源斌，高雄第一科技大學營建工程研究所。

23. 應用灰色預測模型於短期剩餘可停車位之研究，柯明政，高雄第

一科技大學系統資訊與控制研究所。

24.運用灰關聯因子分析與類神經網路於銑削表面粗糙度即時預測系統，陳久弘，中原大學工業工程研究所。

25.結合 Entropy 於品質機能展開法分析半導體研發軟體開發品質績效之評估，張軒瑜，元培科技大學企業管理研究所。

26.應用灰色系統模型於半導體封裝測試之需求預測—以 P 公司為例，徐昌宏，明新科技大學企業管理研究所。

27.非線性灰色柏努力模型與傅立葉模型於印刷電路板之需求預測與比較，楊登凱，明新科技大學企業管理研究所。

28.混合灰色預測模型之應用與分析—以電子產品及有機農業為例，唐瑋鴻，明新科技大學企業管理研究所。

29.綠色供應鏈動態風險評估—以筆電廠商及其供應商為例，黃仕君，淡江大學管理科學學系。

30.灰色傅立葉行為評等模式之建構，林哲敏，淡江大學管理科學系。

31.歐盟文化政策之發展—從灰色理論分析歐盟五國文化觀光產業競爭力，曾慈惠，淡江大學歐洲研究所。

32.中國大陸新企業所得稅對內外資企業有效稅率影響因子之探討—灰色理論之運用，巫翊菁，逢甲大學財稅所。

33.磁浮系統之灰預測模糊控制研究，姚秉呈，崑山科技大學電機工程研究所。

34.各種灰色理論預測電力負載及其應用，謝有利，崑山科技大學機械工程研究所。

35.含高氯離子鋼筋混凝土建築物評估模式與維護策略之研究，陳明

德，大同大學工程管理。

36.銷售預測之研究一以 T 公司花蓮營業處為例，楊明德，東華大學管理學院高階經營管理。

37.低溫電漿輔助化學氣相沉積法製備 OLED 封裝阻障層 SiOxNy 薄膜參數最佳化之研究，張祐賑，臺灣科技大學自動化及控制研究所。

38.太陽光電熱能複合系統之最佳化參數設計與實務驗證，劉瑞民，臺灣科技大學自動化及控制研究所。

39.運用灰關聯與灰預測於台指選擇權策略設計，周伯燁，臺灣科技大學資訊工程系。

40.應用平滑支撐向量迴歸與灰預測於臺灣存託憑證套利投資策略之研究，夏曼寧，臺灣科技大學資訊管理系。

41.應用平滑支撐向量迴歸與灰預測於台灣就業 99 指數與寶來 ECFA 指數涵蓋股票之投資策略研究，施雅雯，臺灣科技大學資訊管理系。

42.某高級中學學生在校學業與大學學科能力測驗之關聯與預測研究一以國防部預備學校為例，李國銘，樹德科技大學經營管理研究所。

43.裝備零件需求量預估與 A 單位職業訓練關聯之研究一灰色理論之應用，鄧詠政，樹德科技大學經營管理研究所。

44.台灣地區外籍配偶子女國小新生預測模型之發展，李秋利，樹德科技大學經營管理研究所。

45.灰色理論應用於台灣國民中學教師人數未來需求預測之研究，張修齊，樹德科技大學經營管理研究所。

46. 以灰色理論探討台灣加權股價指數與有關經濟因素之研究，黃筱淇，樹德科技大學經營管理研究所。

47. 博物館行動導覽系統設計影響因素之探討與評估，林佑純，政治大學資訊管理研究所。

48. 應用個人化飲食系統於熱量控管與營養知識學習之成效探討，蔡侑庭，臺南大學數位學習科技學系。

49. 台灣線上遊戲產業經營績效評估模式之建立—灰關聯分析法之應用，黃揚閔，長榮大學國際企業學系。

50. 低音長笛設計與射出成型製程最適化，劉修伸，嶺東科技大學科技商品設計研究所。

51. 應用田口方法於非線性柏努力灰色預測方程參數設計之研究，余雅屏，義守大學工業管理學系。

52. 智慧型資料探勘於 TDR 股價連動關係之研究，洪綺梅，義守大學工業管理學系。

53. 臺灣社會經濟因素與自殺和意外死亡率相關性研究，姜義勝，南華大學生死學系。

54. 山坡地土石流避難區位評估之研究—南投縣信義鄉望美村為例，高國元，中國文化大學建築及都市設計學系。

55. 運用模糊層級分析法與灰關聯分析評估主題樂園之服務品質，蔡秉良，大葉大學工業工程與科技管理學系。

56. 企業經營績效評估之研究—以台灣不鏽鋼產業為例，鄭旭裕，大葉大學工業工程與科技管理學系。

57. 灰色理論建構社區型電力契約容量負載預測模型之研究，楊政勳，亞洲大學資訊工程學系。

58.運用灰預測模型探討松山機場兩岸直航客運量發展，許亢亭，中華科技大學航空運輸研究所。

59.環境永續考量下之材料選擇模型—以單一材料產品為例，李東軒，東海大學工業工程與經營資訊學系。

60.觀賞魚業導入 USCM、ERP、CRM 系統關鍵成功因素最佳化之研究，林繼陽，開南大學國際企業學系。

61.半導體測試廠整合 RFID、SCM 與 ERP 的關鍵成功因素與最佳化之研究，黃盈嘉，開南大學國際企業學系。

62.應用灰色理論於金門地區遊客數量預測與路線規劃之研究，鄭玉雯，亞洲大學資訊工程學系。

63.應用灰色模型於巨峰葡萄批發價格預測，徐嘉陽，亞洲大學資訊工程學系。

64.應用層級分析法評估智慧型運輸系統導入軍事運輸之策略，吳啟暉，聖約翰科技大學工業工程與管理系。

65.植基於灰色理論的三大機構法人買賣超與大盤漲跌之關聯性分析，林慶濱，亞洲大學資訊工程學系。

66.以 ARMA 及 GM(1,1) 模型預測風力發電量之研究，趙自偉，朝陽科技大學環境工程與管理系。

67.以 ARMA 及 GM(1, 1) 模型預測舊濁水溪水質之比較，康維邦，朝陽科技大學環境工程與管理系。

68.整合田口法與灰關聯於 LED 銲線製程參數最適化之研究，蔡金文，臺灣科技大學自動化及控制研究所。

69.新移民子女學習成就研究—以桃園市某公立國小為例，邱淑貞，開南大學商學院。

70. 企業經營績效評估之研究—以太陽能產業為例，林昱宏，大葉大學工業工程與科技管理學系。

71. 運用資料探勘方法預測雜誌銷售量，施孟妤，交通大學管理學院資訊管理學程。

72. 運用不確定系統研究方法進行河道變遷分析以大甲溪后豐橋段為，馬世瑋，中華大學土木工程學系。

73. 應用專家系統及灰關聯分析於葡萄酒之選購及品評，林志鈞，大葉大學生物產業科技學系。

74. 創新灰預測修正模式之開發與其在工程防洪應用之研究，邱志強，臺灣科技大學營建工程系。

75. 針對小樣本資料的兩階段灰色建模程序，張哲榮，成功大學工業與資訊管理學系。

76. 教育測驗評量應用於產品設計教育策略及灰結構模型分析，梁榮進，臺中教育大學教育測驗統計研究所。

附錄D 中華民國灰色系統學會第六屆理監事（2011～2014）

理事長	林進財	銘傳大學企業管理學系
常務理事	張廷政	嶺東科技大學科技商品設計系
常務理事	夏郭賢	遠東科技大學資管系
常務理事	張偉哲	高苑科技大學土木系
常務理事	溫坤禮	建國科技大學電機系
理事	鄭魁香	高苑科技大學土木系
理事	林江龍	蘭陽技術學院校長
理事	龔昶元	國立臺中教育大學國際企業學系
理事	永井正武	國立臺中教育大學測驗統計所
理事	王紀瑞	建國科技大學機電光研究所
理事	梁榮進	嶺東科技大學科技商品設計系
理事	陳俊益	義守大學工業管理學系
理事	謝政勳	朝陽科技大學資工系
理事	張宮熊	國立屏東科技大學企管系
理事	黃營芳	國立高雄應用科技大學工管系
候補理事	陳鴻進	德霖技術學院資工系
常務監事	黃有評	國立台北科技大學電機系
監事	陳朝光	國立成大機械工程學系
監事	吳漢雄	國立中央大學機械系
監事	許碧芳	世新大學傳播管理學系

索 引

熵（entropy）　91, 92, 93, 94, 95, 97, 98

十六劃

整體性（globalization）　21, 24, 25, 30, 31, 52, 61, 62, 64, 65

獨立性（independent）　22

辨識係數（distinguishing coefficient）　25, 26, 28

頻率（frequency）　33, 34, 92, 125

十七劃

壓力傳輸器（Pressure Sensors）　128

避雷針（lightning arrester）　32

點火器（Ignitor）　128

十八劃

歸屬函數（membership function）　163

轉移函數（transfer function）　5

離散的數據（discrete data）　3

十九劃

爆炸下限（Lower Explosion Limit, LEL）　128, 129

爆炸上限（Upper Explosion Limit, UEL）　128

爆炸特性常數（Gas or Vapor Deflagration Index, Kg）　128, 129

關係（relationship）　2, 4, 5, 6, 19, 22, 27, 28, 29, 37, 46, 93, 101, 108, 115, 124

關聯分析（relational analysis）　3, 4, 5, 10, 62

二十二劃

權重（weighting）　26, 32, 49, 55, 91, 92, 95, 96, 98, 56, 96, 98, 99, 107, 109, 119, 123, 124, 125, 135, 136, 138, 141

國家圖書館出版品預行編目資料

灰色理論／溫坤禮等著. ――二版.
――臺北市：五南, 2013.03
　面；　公分
ISBN 978-957-11-7018-3 (平裝附光碟片)
1.應用數學
319　　　　　　　　　　102002770

5DC2

灰　色　理　論(二版)
Grey System Theory (Second Edition)

作　　者 ― 溫坤禮 (319.4)　趙忠賢　張宏志　陳曉瑩
　　　　 ― 溫惠筑

發 行 人 ― 楊榮川

總 編 輯 ― 王翠華

主　　編 ― 穆文娟

責任編輯 ― 王者香

封面設計 ― 簡愷立

出 版 者 ― 五南圖書出版股份有限公司

地　　址：106台北市大安區和平東路二段339號4樓

電　　話：(02)2705-5066　　傳　　真：(02)2706-6100

網　　址：http://www.wunan.com.tw

電子郵件：wunan@wunan.com.tw

劃撥帳號：01068953

戶　　名：五南圖書出版股份有限公司

台中市駐區辦公室/台中市中區中山路6號

電　　話：(04)2223-0891　　傳　　真：(04)2223-3549

高雄市駐區辦公室/高雄市新興區中山一路290號

電　　話：(07)2358-702　　傳　　真：(07)2350-236

法律顧問　元貞聯合法律事務所　張澤平律師

出版日期　2013年 3 月二版一刷

定　　價　新臺幣350元